Couvertures supérieure et inférieure manquantes

ÉTUDE CRITIQUE

SUR LA GÉOGRAPHIE

DE LA PRESQU'ILE ARMORICAINE

Au commencement

Et à la fin de l'occupation romaine

SAINT-BRIEUC. — IMPRIMERIE L. PRUD'HOMME.

ASSOCIATION BRETONNE

CONGRÈS DE QUIMPER EN SEPTEMBRE 1873

ÉTUDE CRITIQUE

SUR LA GÉOGRAPHIE

DE LA PRESQU'ILE ARMORICAINE

Au commencement

ET A LA FIN DE L'OCCUPATION ROMAINE

Avec une carte

DES VOIES ROMAINES AU Ve SIÈCLE

Réponse aux questions 7, 14 et 23 du programme de la section d'archéologie.

PAR

RENÉ KERVILER

Ingénieur des Ponts-et-Chaussées
Ancien secrétaire général de la Société d'Émulation des Côtes-du-Nord
Membre de la Société polymathique du Morbihan
& des Sociétés Archéologiques de Nantes & de Quimper

SAINT-BRIEUC

IMPRIMERIE-LIBRAIRIE-LITHOGRAPHIE DE L. PRUD'HOMME

1874

ÉTUDE CRITIQUE

SUR LA

GÉOGRAPHIE DE LA PRESQU'ILE ARMORICAINE

AU COMMENCEMENT

ET A LA FIN DE L'OCCUPATION ROMAINE

INTRODUCTION

MESSIEURS,

Depuis plusieurs années, un grand nombre de travailleurs, soit dans nos cinq départements, soit en dehors de notre province, se sont occupés de chercher la solution de quelques-uns des problèmes difficiles que présente l'étude de la géographie armoricaine au commencement et à la fin de l'occupation romaine : il me suffit de nommer MM. de Blois, de Courcy, Halléguen, Denis-Lagarde, Flagelle et Le Men, dans le Finistère; de Closmadeuc, Lallemand, Fouquet et l'abbé de Courson, dans le Morbihan; Gaultier du Mottay, Geslin de Bourgogne et Fornier, dans les Côtes-du-Nord, Des Mars, Norin, Maupillé, Mowat, Toulmouche et de la Borderie, dans l'Ille-et-Vilaine; Sioc'han de Kersabiec, Foulon, Orieux, Bizeul et Parenteau, dans la Loire-Inférieure; Longnon, de la Bibliothèque nationale, de Courson, de la Bibliothèque du

Louvre, Anatole de Barthélemy, de la Commission de topographie des Gaules, et tant d'autres auxquels je demande humblement pardon de les avoir oubliés dans une nomenclature sommaire.... Malheureusement un grand nombre de ceux qui ont écrit récemment sur la question, ne considérant qu'une de ses faces spéciales, l'ont localisée dans leurs cantons, et si nous exceptons, comme travaux généraux, les préliminaires du Cartulaire de Redon, le brillant résumé de M. de la Borderie, dans son *Annuaire historique de Bretagne*, malheureusement interrompu, et le savant mémoire, présenté par M. Longnon au Congrès scientifique de Saint-Brieuc en 1872, on trouve dans leurs travaux, à côté d'aperçus judicieux ou de réelles découvertes sur le point qui les occupe spécialement, des erreurs considérables sur les cantons voisins : ils ne se sont pas assez pénétrés de l'ensemble de la question, et pour n'en citer de suite qu'un exemple, la remarquable étude publiée, cette année, dans le journal *le Finistère*, par M. Le Men, sur la découverte de *Vorganium*, étude qui apporte un fait décisif dans la solution du problème, fait une part tellement absorbante aux Ossismii sur le nord de la presqu'île, que d'un trait de plume les Curiosolites de Corseul sont supprimés et confondus inexorablement avec les Corisopites de Quimper, malgré les assertions formelles de César et des inscriptions anciennes.

J'ai pensé qu'au moment où l'Association bretonne reprend pour la première fois ses Congrès, il ne serait pas sans intérêt, de jeter un regard d'ensemble sur tous les travaux publiés pendant la période qui vient de s'écouler, de les discuter, de les coordonner, de vous présenter en un mot une situation aussi exacte que possible des progrès accomplis dans l'étude de la géographie ancienne de notre presqu'île. Il est bon qu'à certains moments on pose ainsi des jalons qui marquent clairement la route aux chercheurs futurs. Du reste tous les travaux dont je viens de parler sont disséminés de côté et d'autre dans des recueils assez disparates ; et c'est sans doute pour n'avoir pas eu connaissance de mémoires voisins que plusieurs écrivains consciencieux se sont laissés entraîner à maintenir sur les cantons qui ne les touchaient pas directement des erreurs regrettables. Je crois donc cette étude utile : au reste, je ne me pose point en juge infaillible, je vous donnerai mon opinion établie sur une discussion minutieuse des textes et des faits, mais je sollicite d'avance toutes les rectifications et j'accepte, sauf examen sérieux, toutes les contradictions. En pareil sujet, il n'y a pas de certitude mathémathique : je concluerai seulement à la plus grande probabilité possible.

Et d'abord permettez-moi, Messieurs, une profession de foi : je crois que c'est en cette matière, plus qu'en aucune autre qu'il convient d'user de la méthode cartésienne. Il faut faire table rase de toutes ses illusions et de ses préférences, recourir aux sources authentiques, les examiner froidement, les discuter sans parti pris, et surtout sans y vouloir absolument trouver ce qu'on désirerait y trouver. On a dit avec raison : donnez-moi deux lignes d'un écrivain, je le ferai pendre. On pourrait dire encore plus justement : donnez-moi deux lignes du texte d'un ancien géographe et j'y trouverai tout ce que je voudrai. Après avoir lu et examiné attentivement dans une période de beau zèle, tout ce que les écrivains, depuis trois cents ans, ont accumulé sur la géographie armoricaine, depuis Le Baud, Adrien de Valois et d'Argentré, jusqu'à Walckenaër et M. de Courson, je fus pris d'un véritable vertige, et me demandai avec effroi comment il était possible que tant d'esprits éminents eussent pu tirer d'une si petite quantité de sources historiques, autant d'avis, de systèmes et de théories différents ; c'est que presque tous avaient d'abord établi théoriquement leur base de discussion, et qu'ensuite ils n'avaient cherché dans les sources véritables que ce qui pouvait paraître la consolider. Plusieurs, ne pouvant point mettre d'accord le texte de Ptolémée avec leurs idées préconçues, n'ont-ils pas prétendu que cet ancien géographe était fort inexact, et n'avait écrit qu'à l'aventure?... Pour eux, Ptolémée est un radoteur ; et voilà où conduisent les systèmes : à supprimer les sources ! Je ne recommencerai pas ici le dépouillement de toutes ces opinions diverses, vous les connaissez tous. Supposons donc que nous ne savons rien en fait de géographie armoricaine, recourons ensemble aux sources historiques et surtout ne torturons point les textes : faisons de simples versions comme les ferait un élève de sixième.

Or, quelles sont les sources historiques qui peuvent nous guider sûrement dans l'étude de la paleo-géographie et quels sont les faits généraux qui doivent coordonner cette étude? Selon moi, il y a quatre choses à considérer *simultanément* et j'appuie, à dessein, sur le mot *simultanément :* d'abord, les textes des anciens historiens ou géographes contemporains; en second lieu, les divisions territoriales qui sont parvenues jusqu'à nous et qui ont succédé *plus ou moins* exactement aux divisions primitives; en troisième lieu, les divisions topographiques du sol; enfin les monuments de l'époque gallo-romaine. J'avais d'abord songé à faire entrer en ligne de compte dans cette dernière série, les monuments qui nous restent de la numismatique gauloise, mais, après un examen minutieux de tout ce qui a été publié sur ce sujet, après avoir relevé exactement tous les types prétendus Ossismiens, Vénètes ou Curiosolites; après avoir reporté scrupuleusement sur des cartes détaillées chacun de ces types aux endroits où les médailles avaient été trouvées; enfin après avoir comparé tous ces types entre eux, j'ai reconnu, d'accord en cela avec un maître en la matière, l'honorable M. Lemierre, qu'il est fort difficile, pour ne pas dire impossible, de limiter les peuplades armoricaines avec les éléments que fournit leur numismatique. Les types de monnaies passent d'une façon tellement insensible de l'un à l'autre qu'il semble fort probable que toutes les monnaies anépigraphiques au cheval androcéphale et à la tête de Bélénus ont été spéciales à l'Armorique sans distinction précise de peuplades, et j'inclinerais fort à croire, que les différences de types indiquent plutôt des différences de temps que des différences de lieux. Quoiqu'il en soit, et en reportant l'honneur de cette idée à M. Lemierre avec qui j'ai plusieurs fois traité cette question, je ne pense pas qu'il soit possible dans l'état actuel de la science, de s'appuyer sur la numismatique gauloise pour établir les limites des peuplades. Peut-être le pourra-t-on quelque jour; mais je crois devoir laisser cette question en suspens et ne traiter que les autres points cités précédemment.

Rien n'est absolu en histoire et le grand tort, croyons-nous, de la plupart des auteurs qui ont jusqu'ici traité la question de notre géographie ancienne, a été de subordonner la première des sources d'examen, celle des textes des anciens géographes ou historiens, à l'une des trois autres. Ainsi les uns ont prétendu que les anciens évêchés se sont établis exactement sur les limites des anciennes *civitates*; les autres ne tenant pas compte de cette affirmation rigoureuse, ont cru que les divisions topographiques seules ont fixé les limites de celles-ci; enfin d'amas de ruines importants et auxquels aboutissent un grand nombre de voies romaines, on a voulu faire incontestablement des chefs-lieux de cités. Nous pensons qu'on ne peut se faire une règle absolue d'aucun de ces principes : le premier surtout serait fort difficile à appliquer exactement. En effet, connait-on d'une façon précise des limites des évêchés primitifs et peut-on prétendre que ceux qui existaient en 1789 fussent établis sans changement sur le périmètre des plus anciens? Nous ne le pensons pas. Il y a, du reste, des faits certains à cet égard. On sait fort bien, par exemple, pour ne citer que l'évêché de Nantes, que les anciennes peuplades gauloises étaient bornées au Sud par la Loire, que la Marche, située entre les deux évêchés de Rennes et de Nantes, a appartenu, d'abord à l'évêché de Nantes, puis à celui de Rennes; que tout le pays de Guérande a formé, pendant un moment, un évêché particulier, puis, qu'il a été réuni successivement à l'évêché de Vannes et à l'évêché de Nantes. Enfin, personne ne conteste que les évêchés primitifs n'aient été, en beaucoup de cas, des évêchés régionaux sans résidence fixe; et pourrait-on affirmer, en l'absence de documents positifs, que leur territoire fut limité de la manière précise et tourmentée qui forma les délimitations postérieures? Il est plutôt fort à croire que ces évêchés furent mobiles et durent s'accroître successivement par des sortes de conquêtes évangéliques. On sait fort bien du reste que des donations de sources très-diverses avaient lieu dans ces époques obscures et troublées, et l'on ne soutiendra pas, j'imagine, que l'évêché de Dol ait compris à l'origine la multitude d'enclaves qui le composèrent dans la suite.

Quant aux centres importants de ruines gallo-romaines, auxquelles aboutissent un réseau de voies bien établies, il ne faut pas non plus en faire absolument des chefs-lieux primitifs de peuplades. Les connaît-on tous, ces centres importants? Incontestablement non, et l'une des choses qui m'aient le plus frappé lorsque j'ai composé et étudié la carte de nos voies romaines et de nos ruines de cette époque, c'est le petit nombre de villes constatées au bord de la côte : il y a là une lacune inexplicable, car il est impossible que les Romains qui ont déployé une activité merveilleuse sur notre sol, en construisant des voies bétonnées à la chaux, de près d'un mètre d'épaisseur au travers des Montagnes Noires, n'aient pas eu un nombre considérable d'établissements maritimes importants sur notre côte : or, jusqu'à présent, à notre connaissance du moins, il n'y a de bien constaté que celui de Locmariacker qui possédait un cirque et de nombreux monuments. Partout ailleurs, on n'a trouvé que d'informes débris. On sait, du reste, que des mouvements du sol très-considérables ont eu lieu vers les premiers siècles de notre ère dans toute l'étendue de notre région : les forêts sous-marines constatées tout autour de la presqu'île, en face de Saint-Gildas de Rhuiz, du sud du Finistère, de la baie de Morlaix et de celle de Saint-Brieuc, la séparation violente du Mont-Saint-Michel; les lignes de sillons de la pointe de Tréguier, ou de la baie du Morbihan; les disparitions de voies parfaitement constatées à leurs deux extrémités dans la baie de Douarnenez ou dans celle de Cancale; l'affaissement de la Grande Brière motière ; enfin les nombreuses légendes de villes englouties, telles qu'Is, Herbauge et autres, sont des preuves suffisantes que tout notre littoral a été violemment bouleversé. Il ne faut donc pas conclure de ce qu'on ne trouve que de rares débris gallo-romains disséminés sur le littoral, sans grandes agglomérations, il ne faut pas conclure, dis-je, que des villes importantes n'y aient pas existé à l'époque de l'occupation romaine? Où sont Brivates Portus, Vindana Portus, Staliocanus Portus... et bien d'autres, citées par les anciens géographes comme des points remarquables de nos côtes. Si l'on n'est point d'accord sur leur emplacement, c'est qu'elles ont été emportées par les mouvements du sol, et que leurs traces ont disparu, entraînées par les eaux (1). C'est pourquoi nous pensons que si l'on trouve à l'intérieur des masses agglomérées considérables, il ne faut pas faire absolument de toutes ces agglomérations des chefs-lieux de Civitates.

Ceci posé, entrons en matière, et essayons de mettre tout le monde d'accord.

(1) Voir sur les mouvements du sol et les conquêtes de la mer tout le long du littoral armoricain, une étude de M. de Penhouet, dans le Lycée armoricain, 1827; la curieuse brochure de M. Quénault, ancien sous-préfet de Coutances; les études de M. Geslin de Bourgogne, etc., etc.

CHAPITRE PREMIER

L'Armorique au moment de l'occupation romaine

DIVISION CLASSIQUE

L'opinion la plus généralement accréditée aujourd'hui, celle qu'on pourrait appeler classique, place les ***Ossismiens*** sur le territoire des anciens évêchés de Quimper, de Saint-Pol et de Tréguier, capitale Carhaix *(Vorganium)*; les ***Venètes*** sur celui de l'ancien évêché de Vannes : capitale Vannes *(Dariorigum)*; les ***Curiosolites*** sur celui des anciens évêchés de Saint-Brieuc et de Saint-Malo, capitale Corseul; les ***Redones***, sur celui des anciens évêchés de Rennes et de Dol, capitale Rennes (*Condate); les **Namnètes*** sur celui de l'ancien évêché de Nantes, capitale ***Condivicnum*** que les uns placent à Blain, les autres à Candé (Nantes étant d'établissement postérieur, le *Portus Namnetum* des anciens géographes). Toutefois, pour ce qui regarde la séparation du territoire des Curiosolites de celui des Redones, on ne prend pas généralement la limite exacte des évêchés de Saint-Malo et de Dol, on adopte la rivière de Rance. — Quant aux ***Diablintes***, il n'en est pas question dans la presqu'île Armoricaine proprement dite; on les place dans le Maine, à l'entour de Jublains. — Les ***Samnites*** sont confondus avec les Namnètes, d'après l'opinion de M. Bizeul; et, pour achever cette nomenclature, les uns confondent complètement les ***Corisopites*** avec les Curiosolites précédents, les autres démembrent les Corisopites des Ossismiens vers le milieu de l'occupation romaine et les placent à l'ancien évêché de Quimper.

Telle est la division généralement adoptée, division battue fortement en brèche par de récents mémoires et qui n'est point la nôtre : nous la discuterons en prenant successivement à part chaque groupe principal des anciennes peuplades gauloises.

---

§ 1. — *Ossismiens et Venètes.*

Les Ossismiens, nommés Ostimii (τιμιοι) par Pythéas que la colonie Phocéenne de Marseille envoya en mission sur nos côtes, au milieu du IIIe siècle avant Jésus-Christ, Sismii, par Strabon, qui écrivait sous Auguste, Ossismii, par César, l'envahisseur de la fin de l'ère païenne et par Ptolémée, le géographe du IIe siècle chrétien, occupaient la pointe occidentale et septentrionale de la presqu'île. Il n'y a aucune contestation sur ce point. César n'assigne pas leur place lorsqu'il les range parmi les alliés des Venètes lors de sa fameuse expédition, mais Ptolémée dit positivement, en terminant sa liste des peuplades gauloises, regardant la Grande-Bretagne, depuis la Seine jusqu'à l'Océan : « *Et ultimi usque ad Gobœum Promontorium Osismii, quorum civitas Vorganium.* » Tous les historiens s'accordent à voir le cap Saint-Mathieu dans le Promontorium Gobœum (Γοβαιον) que Strabon appelle aussi Καβαιον et Pythéas Καλβιον. Donc, pas de doute à cet égard; les Ossismiens occupaient l'extrémité Nord-Ouest de la presqu'île, et avaient *Vorganium* pour capitale. Reste à savoir, quelles étaient les limites Sud et Est de la peuplade et où se trouvait Vorganium.

La simple lecture d'un texte formel de Ptolémée, qui, à notre grand étonnement, n'a pas été suffisamment remarqué jusqu'ici, nous permet de fixer très-approximativement la limite Sud. Reprenant l'énumération des peuplades gauloises méridionales du Nord de la Loire, et partant de l'Océan pour aller vers la Seine, Ptolémée dit : « *Occidentale autem littorale latus sub ossismiis tenent Veneti, quorum civitas Dariorigum* » que nous traduisons littéralement par cette phrase : La côte *occidentale, sous* les Ossismiens, était occupée par les Venètes, qui avaient pour chef-lieu de cité *Dariorigum*.

Le texte est formel : qu'en conclure, si non que les Venètes occupaient les baies de Douarnenez et d'Audierne, ou, pour mieux dire les pointes de Crozon et du Raz, seuls points qui correspondent à « *Occidentale littorale latus* » sous la pointe Saint-Mathieu? Les Venètes s'avançaient donc jusqu'à la partie méridionale de la rade de Brest et si nous voulons suivre la division territoriale des évêchés, ils occupaient au moins les territoires des évêchés de Vannes et de Quimper, séparés des Ossismiens par une admirable frontière naturelle, la chaîne des montagnes d'Arrhée.

MM. Le Men et Longnon ont été les premiers à mettre en avant l'extension du territoire des Venètes et à prétendre qu'il ne se limitait pas à l'ancien évêché de Vannes. Mais ils ont appuyé leur thèse sur un autre texte qui vient parfaitement concorder avec le précédent. Parlant de la puissance maritime des Venètes, César dit au livre III de ses commentaires sur la guerre des Gaules : « Hujus civitatis est *longe amplissima* » *auctoritas omnis oræ maritimæ regionum earum*, quod et » naves habent Veneti plurimas, quibus in Britanniam navi- » gare consueverunt, et scientia atque usu nauticarum rerum » ceteros antecedunt, et in *magno impetu maris atque aperto*, » paucis portibus interjectis, *quos tenent ipsi*, *omnes fere*, qui » eodem mari uti consueverunt, habent vectigales. » Trois points sont à considérer dans ce texte, quoiqu'on n'en ait mis que deux en reliefs : d'abord *longe amplissima auctoritas*. Donc, d'après César les Venètes étaient la peuplade maritime de beaucoup la plus puissante de toutes celles de l'Armorique, ce qui s'expliquerait difficilement, s'ils n'avaient possédé que les cent kilomètres de côte, de la Vilaine à l'Ellé, tandis que les Ossismiens en auraient possédé au moins quatre cents kilomètres de l'Ellé au Trieux. Second point sur lequel on n'a pas assez appuyé : *in magno impetu maris atque aperto*, paucis portibus interjectis. — Si les Venètes n'avaient possédé que le Morbihan, César aurait-il pu parler de leur littoral comme ouvert aux grands mouvements de la mer, puisqu'il n'aurait guère formé qu'une immense baie fermée et abritée par la presqu'île de Quibéron, et le cordon de Belle-Ile, Houat, Hédic, etc.......... La phrase de César s'applique parfaitement au contraire à toute l'étendue de la côte Sud de la presqu'île Armoricaine. Enfin, *paucis portibus interjectis quos tenent omnes fere*, indique clairement, qu'ils avaient en leur possession presque tous les ports de la presqu'île, et comme les anciens géographes n'en signalent qu'un fort petit nombre au Nord, à peine un ou deux, on doit en conclure qu'ils possédaient tous ceux du Sud.

Les deux seules objections sérieuses contre l'opinion qui enlève l'ancien évêché de Quimper aux Ossismiens sont, l'une philologique, l'autre historique. La pointe du Raz, dit-on, appartenait aux Ossismiens parce que Pomponius Mela dans sa description du littoral, place *Sena Insula* en face des Ossismiens, *(Sena Insula Britannico Oceano, Ocismicis adversa littoribus)*, et que Sena Insula n'est autre chose que l'Ile de Sein. En est-on bien sûr, et suffit-il d'une simple analogie de nom pour produire cette dernière affirmation, lorsque le plus apprenti, parmi les géographes, traduira *Britannico Oceano* par la Manche et non par l'Océan Atlantique?

MM. Le Men et Longnon se sont livrés à ce sujet, chacun de leur côté, à des discussions philologiques fort intéressantes, d'où il résulte que l'ancien nom de cap Sizun, de la pointe du Raz, d'où est dérivé le Sein actuel, n'a aucun rapport avec le *Sena* de Pomponius et que l'Ile de ce géographe peut être reportée sans la moindre difficulté, sur le littoral Ouest ou Nord, où les îles ne manquent pas, témoin le groupe d'Ouessant, l'île de Batz, l'île Grande, le groupe des Sept Iles, etc..., situés réellement *in Britannico Oceano. Uxantissena* (Ouessant), ne serait-elle pas l'Ile de Pomponius? M. de Blois s'y oppose, et M. de la Borderie le penserait volontiers.

Mais, dira-t-on encore, Saint-Corentin le premier évêque de Quimper, est qualifié dans les anciennes chroniques et légendes d'Episcopus Ossismorum, en particulier dans la légende de saint Menulfe ou Menou, mais, n'y a-t-il pas eu plusieurs saint Corentin? M. Le Men remarque, avec raison que le saint Corentin de la légende de saint Menulfe était contemporain de Dagobert, tandis que l'évêque de Quimper vivait à la fin du ve siècle. L'objection tombe d'elle-même devant cette observation. Au surplus, est-on bien sûr qu'un saint Corentin soit le premier évêque de Quimper? Ce problème n'est pas encore résolu, et nous verrons bientôt, par plus d'un exemple, que les légendaires, dont on n'a pas de copies authentiques antérieures au xe siècle, font de singulières confusions de noms de peuplades.

Il n'y a donc pour nous aucun doute; pour peu qu'on veuille traduire simplement et sans idée préconçue les textes de César et de Ptolémée, le territoire des Venètes s'étendait jusqu'à la pointe de Crozon. Reste une question : leur limite Nord, était-elle les Montagnes Noires ou les Montagnes d'Arrhée? Sur ce point, MM. Le Men et Longnon se séparent; M. Le Men, dans son premier Mémoire attribuait le bassin de l'Aulne aux Ossismiens parce qu'il plaçait, suivant l'opinion commune Vorganium à Carhaix et limitait les Venètes dans le territoire de Quimper aux Montagnes Noires, idée sur laquelle il paraît avoir varié, car, dans ses articles publiés en avril 1873, il semble disposé à y placer les Curiosolites ou Corisopites qu'il confond en une seule et même peuplade.

M. Longnon, au contraire, acceptant un démembrement de la cité Venète, après sa décadence, démembrement dont plusieurs exemples se rencontrent en divers points de la Gaule, n'étant point d'ailleurs certain que Vorganium soit bien situé à Carhaix, et prenant pour base fixe des divisions des anciennes peuplades, les anciennes limites des évêchés, n'admet pas qu'un démembrement ait pu avoir lieu au détriment de deux peuplades à la fois, suppose que les Corisopites se séparèrent des Venètes vers la fin du premier siècle; et puisqu'ils formérent, plus tard, l'évêché de Quimper limité au Nord par les montagnes d'Arrhée, il donne ces montagnes pour limite septentrionale des Venètes.

Jusqu'en ces derniers temps, j'avais fort hésité à suivre son avis, parce que ses principes ne me paraissaient pas avoir un caractère absolu, et que je ne trouvais pas de solution plausible à la question de Vorganium en dehors de Carhaix. Mais M. Le Men a, selon nous, résolu victorieusement le problème en donnant la véritable lecture de la borne milliaire de Kerscao en Kernilis, lecture approuvée par la commission de topographie des Gaules et qui rejette Vorganium sur le littoral aux environs de Laber-Vrac'h. Or, une borne milliaire est une des sources historiques écrites les plus précieuses et les plus incontestables. D'après celle-ci, M. Le Men place définitivement Vorganium à Laber-Vrac'h et nous n'avons pas à reproduire ici tous ses arguments qui concluent irréfragablement à une ville maritime (ainsi que l'indique le nom même de Vorgan ou Morgan), située à une distance connue (huit mille pas à l'Ouest) de Kerscao. Le vieux Sanson, qui ne se trompait guère, avait déjà placé Vorganium à Laber-Vrac'h il y a plus de deux siècles, et nous n'insisterons pas sur l'analogie étymologique de nom que M. Guyot-Jomar, dans un procès-verbal de la Société polymathique, trouve entre Vrac'h, Vrag ou Vorag et Vorga abréviation de Vorganium.

Ce qui nous importe le plus, c'est que Vorganium ne soit pas à Carhaix, et c'est le point acquis. Cela nous permet d'accorder la division territoriale des peuplades, en même temps avec la division des évêchés et avec les divisions topographiques du pays.

Nous donnons donc les montagnes d'Arrhée pour limite méridionale des Ossismiens et septentrionale des Venètes (1).

(1) Nous sommes heureux de constater que cette conclusion, déduite uniquement de la discussion des textes anciens, s'accorde avec l'opinion du vieux chroniqueur le

Mais qu'était-ce que Carhaix? Nous avons déjà dit, dans notre introduction, qu'on était loin de connaître tous les centres Gallo-Romains importants répartis sur les divers points de la presqu'île; la plupart, situés sur le littoral, ont disparu par suite des bouleversements du sol, et nous avons la conviction que, si on les connaissait tous, on en trouverait beaucoup plus d'un par peuplade. Carhaix était l'un de ceux-là, comme Locmaria, faubourg de Quimper, le *civitas Aquilonia* des anciens jours, comme Douarnenez ou Keris, comme Coz-Yeaudet, comme tant d'autres. Mais, nous ne sommes pas éloigné de croire que Carhaix fût quelque chose de plus, et voici sur quoi nous fondons notre appréciation.

M. Longnon, dans son mémoire présenté au Congrès scientifique de Saint-Brieuc, en 1872, a très-nettement établi la séparation des Corisopites et des Curiosolites, qu'il n'est plus permis de confondre : on avait prétendu jusqu'ici que ces deux noms avec leurs variantes provenaient d'erreurs de copistes au XIe ou XIIe siècle ; mais, devant un document original, authentique du VIe siècle, conservé à la Bibliothèque nationale et qui porte, sans contestation, la mention de Corisopites, il n'y a plus à douter; il y avait, vers la fin de l'empire, une civitas Corisopitum au pays de Quimper. Or, qu'on examine attentivement la situation du bassin de l'Aulne, au fond duquel se trouve Carhaix : c'est une petite région admirablement située pour former le noyau d'une peuplade : bornée à l'Ouest par la rade de Brest, et enfermée complétement au Nord, à l'Est et au Sud, par la fourche de nos deux chaînes de montagnes, elle est comme isolée du reste du pays; ne serait-ce pas là, sans chercher des rapprochements de noms entre Corisopites et Carhaix (on en a cherché de plus bizarres) ne serait-ce pas là

Baud, qui dit que les Ocismes de César ont été remplacés par les Leonenses de son temps. Il est vrai que nous ne sommes pas d'accord avec lui au sujet des Curiosolites qu'il confond avec les Corisopites. Nicolas Sanson dit aussi que les Ossismiens ont formé, d'abord, un évêché, le Léon, puis trois sous Nominoé, Saint-Pol, Tréguier et Saint-Brieuc.

qu'il faudrait placer le berceau des Corisopites, lesquels, après l'anéantissement de la puissance prépondérante des Vénètes par César, auraient envahi le territoire, situé au Sud des Montagnes Noires que ne pouvaient plus défendre ses anciens maîtres, et auraient bientôt formé une peuplade distincte et indépendante? Cela n'a rien que de fort naturel, et l'on conçoit que les Romains, comprenant toute l'importance stratégique de Carhaix, l'aient plus tard agrandi, en faisant aboutir en ce point un grand nombre de leurs voies militaires En tout cas, il n'était point question de Corisopites à l'époque de l'occupation romaine, en tant que civitas, puisqu'aucun historien ni géographe n'en parle et qu'on les voit paraître pour la première fois dans la Notice des provinces; il nous suffit de savoir pour le moment qu'à cette époque le territoire des Vénètes s'étendait jusqu'aux montagnes d'Arrhée. Nous reviendrons plus longuement aux Corisopites dans notre second chapitre.

Au reste, il ne faut pas s'étonner, si les grandes agglomérations Gallo-Romaines, celles autour desquelles convergent quelquefois le plus de voies militaires, ne correspondent pas toujours avec les chefs-lieux des peuplades gauloises. Carhaix, Vannes, Nantes ne furent point des chefs-lieux primitifs et cependant ce furent les points les plus importants de l'Armorique vers la fin de l'Empire romain. Cela s'explique fort naturellement, si l'on réfléchit aux différences de situation respective des peuplades primitives et des Romains. Les peuplades gauloises armoricaines formaient une sorte de confédération; mais elles étaient indépendantes et conservaient une autonomie distincte : elles placèrent donc leurs chefs-lieux sur les points de leur territoire qui leur convenaient le mieux, pour leur commerce et pour leur centre d'opérations distinctes. Lorsque les romains occupèrent le pays, pays de conquête et de soumission difficile, ils le sillonnèrent de voies stratégiques, et s'attachèrent à y pratiquer l'unité de défense et de commandement. De là, le choix de points stratégiques particuliers et surtout de points centraux favorables au meilleur croisement de leurs voies militaires.

C'est ainsi que le chef-lieu des Venètes, qui devait se trouver certainement sur le littoral, ne leur permettant pas d'établir facilement des voies directes à cause du passage des nombreux goulets des baies de la côte; ils le reportèrent à l'intérieur au fond du golfe du Morbihan, là ou leurs croisements et leurs lignes non interrompues pouvaient s'exécuter sans péril.

Ceci nous amène à la recherche du lieu précis de la capitale primitive des Venètes. Comme nous venons de le dire, cette peuplade étant essentiellement maritime, et la plus puissante de toutes, d'après le témoignage de César, il ne faut chercher son chef-lieu que sur le littoral. La position actuelle de Vannes doit donc être rejetée de prime abord, et ce rejet, sans plus de discussion, doit être pour vous, Messieurs, une preuve de mon impartialité complète dans cette étude, car je suis Vannetais, et l'on prétend que les Vannetais aiment fort tout rapporter à leur clocher.

Tout ce que nous pouvons accorder, et nous l'accordons volontiers, c'est qu'au IIe siècle, au moment où Ptolémée écrivait, Dartoritum signalé nominativement pour la première fois dans l'histoire, comme capitale des Venètes, se trouvait au lieu actuel de la ville de Vannes : il y avait eu déjà transposition, par suite des raisons stratégiques que nous avons précédemment indiquées.

Or, quel est le point du littoral Sud de la Bretagne où la situation d'un établissement maritime soit nettement indiquée? Il nous paraît clair que ce doit être dans l'immense baie bornée à l'Ouest par la presqu'île de Quiberon, à l'Est, par le littoral compris entre la Loire et la Vilaine, et fermée au Sud par Belle-Ile et le cordon des îles de Houat, Hédic, etc., alors probablement réunies; et ceci nous conduit immédiatement à donner aux Venètes le territoire du pays de Guérande; un observateur attentif, au simple aspect de la carte ne pourrait le refuser : cela forme une baie complète et bien fermée et certainement les Venètes, si puissants, n'auraient pas souffert qu'une autre peuplade rivale occupât la partie Est de cette baie. Or, quels sont les seuls points où l'on ait trouvé sur ce littoral d'importants débris Gallo-Romains : il n'y en a que deux, c'est Locmariaker et la portion de l'archipel Guérandais, située au pied même de Guérande. Nous n'avons à hésiter qu'entre ces deux points, et le texte des commentaires de César va nous donner la solution cherchée.

Il y a quelques années, en 1868, M. Sioc'han de Kersabiec a publié dans le Bulletin de la Société Archéologique de Nantes un mémoire fort intéressant dans lequel il s'efforce de démontrer que les Samnites furent une peuplade distincte des Namnètes ; qu'ils avaient une origine phénicienne ou égyptienne ; qu'ils vinrent s'établir à l'embouchure de la Loire, dans l'archipel Guérandais, plusieurs siècles avant Jésus-Christ, pour y fonder une colonie qui devint très-florissante ; que la ville de Corbilon, entrepôt fameux cité par Pythéas, Polybe et Strabon, comme situé à l'embouchure de la Loire, en relation directe avec les Phocéens de Marseille, se trouvait placée au lieu actuel de Beslon, près de Congor et Carheil, noms phéniciens, au pied de Guérande (Pythéas la visita au IIIe siècle) ; enfin que vers le second siècle avant Jésus-Christ, les Venètes étendant leur domination sur toute la rive Sud de l'Armorique firent la conquête de cet établissement rival, dont le nom de Corbilon disparut et qui devint, dès lors, leur principal entrepôt et leur centre d'opération ; que la célèbre bataille navale de César qui ruina la puissance Venète, eut lieu dans l'archipel Guérandais ; et que, si le nom de Samnite reparut après la ruine des Venètes quand il s'agissait des populations des îles de cet archipel, le nom de Vénétie resta encore attaché au pays de Guérande pendant une grande partie du moyen-âge.

Telle est la thèse soutenue à grand renfort d'érudition par l'honorable conseiller de préfecture de Nantes. Plusieurs points prêtent selon nous à discussion dans ce mémoire, en partilier celui du point précis de l'emplacement de Corbilon, et celui de l'île de Saillé devenue l'île Sacrée de l'embouchure de la Loire, où Strabon place le collége des prêtresses Samnites.

Mais en dehors de quelques points de détail qui n'ont qu'une importance secondaire dans la question, nous adoptons complètement la thèse de M. de Kersabiec en ce qui concerne la séparation des Samnites et des Namnètes, thèse reprise depuis dans un autre sens par M. Parenteau à l'aide de la numismatique. Il fallait le haut respect qui s'attache au nom de M. Bizeul pour pardonner à l'ardent archéologue de Blain la confusion de deux noms, si distinctement séparés par Ptolémée.

Nous reviendrons sur ce sujet lorsqu'il sera quention des Namnètes, car ce qui nous intéresse le plus en ce moment, c'est la situation de la peuplade Vénétique à l'époque de César. Or, nous adoptons aussi, de concert du reste avec MM. Desmars, Martin et Jégou qui ont exploré, avec soin, tout ce pays, les affirmations de M. de Kersabiec au sujet des Venètes et de leur conquête de la colonie phénicienne.

Le nom de Vénétie, conservé au pays de Guérande dans les documents du moyen-âge cités par le savant Nantais, serait déjà une preuve presque suffisante de l'extension de leur territoire au Sud; le nom d'Iles Vénétiques donné par Pline à tout le groupe qui s'étend depuis Belle-Ile jusqu'à Noirmoutiers, vient encore à l'appui de cette thèse, car il ne cite qu'Oléron (Ulierus) dans l'Aquitaine (Pline, lib. IV, de Gallia); mais ce qui nous a frappé davantage c'est l'étude attentive du texte des commentaires de César.

César, racontant sa célèbre campagne contre les Venètes, n'omet aucun détail, sauf le nom du point du littoral où il a combattu : il dit seulement qu'il descend la Loire avec sa flotte et qu'il va en Vénétie, *in Venetiam* ou *in Venetos*, son armée suivant à terre et assistant du haut des collines voisines au combat naval. Or, deux choses sont à remarquer d'une manière toute particulière, l'absence d'indication dupassage d'une rivière transversale, et la description topographique faite par César, de ses opérations militaires et du lieu de combat.

La vie de César, qui porte le nom de Napoléon III, affirme sans hésitation que César s'avança jusqu'au golfe du Morbihan, et que son armée passa la Vilaine à la Roche-Bernard; cette affirmation nous paraît fort audacieuse. Comment se fait-il que César n'ait pas dit un mot d'une opération aussi difficile que celle du passage d'une rivière, large, profonde, vaseuse et encaissée entre des collines abruptes et élevées, comme la Vilaine, passage en pays ennemi, sans avoir déjà aucun point d'appui pour s'assurer une défense ou une retraite. Cela n'est pas croyable, et notre opinion bien arrêtée, après avoir lu attentivement les commentaires, c'est que, César ne parlant point du passage de la Vilaine, il ne l'a point passée.

M. Lallemand, dans l'étude qu'il a publiée en 1861 sur *la campagne de César dans la Vénétie Armoricaine*, a été très-frappé de ce silence; il le signale à plusieurs reprises et se laisse même entraîner à un aveu que nous nous empressons d'enregistrer : « Si un pont a été jeté, dit-il, si des radeaux » ont été construits, comment n'en trouvons-nous aucune trace » dans les commentaires, qui décrivent si exemplairement » toutes les opérations de cette campagne? Il y a plus, la » Vilaine elle-même paraît inconnue à César. » C'est parfaitement notre avis : malheureusement, égaré par l'idée préconçue que les Namnètes occupaient le pays de Guérande, et que César a dû absolument s'avancer jusqu'au golfe du Morbihan, M. Lallemand ne tire point de cet aveu la seule conséquence naturelle. La Vilaine a été inconnue à César, parce qu'il n'a pas été jusque là. Et cependant, avec beaucoup de sagacité M. Lallemand, rompant avec la tradition, avait indiqué un commencement d'itinéraire très-rationnel pour le grand capitaine le long de la Loire : il nous le montre assiégeant les nombreux oppida du pays de Guérande pendant l'été; mais comme il doit suivre la côte, selon lui, depuis ce point jusqu'à l'entrée du golfe du Morbihan, il le fait s'arrêter à Piriac, à Mesquer, à Penestin; puis, passer sur des bateaux la Vilaine que César prend pour un bras de mer, supposition purement gratuite de la part du commentateur; puis assiéger Pénerff et d'oppidum en oppidum, arriver jusqu'à la presqu'île de Rhuys..... Pourquoi, grand Dieu! se donner tant de peine, et comment M. Lallemand n'a-t-il pas remarqué que le général romain dit expressément *contendit in Venetos* et non pas in Namnetes; donc les Oppida du pays de Guérande, que M. Lallemand fait avec raison assiéger par César, étaient situés *in Venetis;* mais le savant commentateur, qui a fait sa géographie d'avance, au lieu de la reconstruire directement à l'aide du texte césarien, juge à propos de ne pas s'en apercevoir et prétend même que l'existence de Corbilon, vers l'embouchure de la Loire est incompatible avec le récit des commentaires. En tout cas nous sommes d'accord avec M. Lallemand pour la première partie de son mémoire.

Voici, du reste, le récit du conquérant, vous le connaissez tous; mais il n'est pas inutile de le rappeler, pour n'y prendre que ce qui s'y trouve. Je ne rapporterai pas un texte fabriqué pour la circonstance; j'extrais ce qui suit d'une vieille édition, donnée par Scaliger chez Janson en 1648 : J'ai un faible que vous pardonnerez pour les éditions élzéviriennes des anciens auteurs latins. Je lis donc au livre III de Bello Gallico :

« D. Brutum adolescentem classi Gallicisque navibus, quas » ex Pictonibus et Santonis, reliquisque pacatis regionibus » convenire jusserat præfecit, et quum primum posset, in » Venetos proficisci jubet. Ipse eo pedestribus copiis conten- » dit. »

Voilà donc la marche nettement dessinée; Brutus, descend la Loire avec sa flotte, en effet, César avait dit plus haut : « Naves interim longas ædificari in flumine Ligeri jubet, » et César le suit par terre avec l'armée et commence de suite l'attaque des Oppida : il n'y a rien autre chose.

Poursuivons : « Erant ejus modi fere situs oppidorum, ut » posita in extremis linguis promontoriisque, neque pedibus » aditum haberent, quum ex alto se æstus incitavisset, quod » bis semper accidit horarum XII spatio; neque navibus, » quod, rursus minuente æstu, naves in vadis afflictarentur.

» Ita utraque re opidorum impugnatio impediebatur; ac si » quando magnitudine operis forte superati, extruso mari » aggere ac molibus, atque his ferme mœnibus adæquatis, suis » fortunis desperare cœperant; magno numero navium appul- » so, cujus rei summam facultatem habebant, sua omnia de- » portabant; seque in proxima opida recipiebant, ibi se » rursus iisdem opportunitatibus loci defendebant. » Perrot d'Ablancourt, dont les traductions étaient appelées au XVIIe siè-cle les *belles infidèles*, traduit ainsi ce passage, donnant un démenti au jugement de ses contemporains. « La plupart des » villes de cette côte sont situées sur des pointes de terres » qui avancent dans la mer; de sorte qu'on n'en sçauroit ap- » procher quand la marée est haute, ce qui arrive deux fois » en douze heures; et il ne fait pas sûr d'y aborder avec des » vaisseaux, parce que la mer se retirant, ils demeurent à » sec avec beaucoup d'incommodité. On ne pouvoit donc » faire de siége, d'autant plus qu'après un long et pénible » travail lorsqu'on avoit élevé une terrasse à la hauteur du » rempart, après avoir retenu l'eau de la mer par des di- » gues, les habitans transportoient tout ce qu'ils avoient dans » les vaisseaux, dont il y avoit grand nombre sur la côte, et » se retiroient en un autre lieu, qui faisoit la même peine à » assiéger.... »

Nous le demandons à un observateur impartial, à quel point de la grande baie que nous avons signalée plus haut, cette description minutieuse peut-elle s'appliquer, sinon au pays de la Grande Brière et de l'archipel Guérandais, séparés l'un de l'autre par l'isthme étroit de Saint-Lyphard encore coupé par l'immense redoute gauloise des *Grands fossés*, clef de toute la presqu'île? Cet isthme est dominé par un camp romain et la tradition y conserve encore le souvenir de luttes gigantesques soutenues par nos pères!...

Peut-on trouver entre la Vilaine et la presqu'île de Quiberon une seule étendue de la côte à laquelle on puisse adapter le texte de César? pour notre compte, nous n'en connaissons point, sinon, à la grande rigueur, la petite presqu'île de Pénerff (1), où personne n'a eu l'idée de placer le siége des Venètes, tandis qu'un simple examen, sur une carte détaillée, de la région située entre la Loire et la Vilaine, suffit pour faire coïncider rigoureusement, avec la disposition topographique des lieux, la description de César, surtout si l'on tient compte encore du « pedestria esse itinera concisa æstuariis » cité quelques pages plus haut, et qui ne peut pas s'appliquer aux îles du golfe du Morbihan.

Notons bien que le grand capitaine ne cite absolument aucun nom de lieu; qu'il se contente de dire in Venetos, ou in Venetiam, et que, plus tard, lorsque l'évêché de Guérande fut supprimé, on le réunit d'abord, sans doute par un ancien souvenir de la domination Venète, à l'évêché de Vannes....... tout concourt donc avec l'absence de relation du passage de la Vilaine, pour fixer en ce lieu le point critique de la campagne de César. On nous objectera, que, selon notre propre opinion, la conformation du littoral a changé, qu'elle n'est plus la même aujourd'hui qu'autrefois, et que rien ne prouve que la description de César ne s'appliquât pas alors au littoral de la presqu'île de Rhuys ou de Locmariaker....... Cela est vrai : mais comme César ne désigne aucun nom de lieu, quelle raison probante a-t-on pour fixer à l'embouchure du golfe du Morbihan le lieu de la bataille navale, plutôt que dans la baie du Croisic? et ne vaut-il pas mieux s'appuyer aujourd'hui sur des apparences positives que sur de simples conjectures? Du reste, si l'on achève le récit de César, voyez comme les collines Guérandaises, s'adaptent au texte dans toutes ses parties. Après avoir enlevé plusieurs places, *compluribus expugnatis*

(1) On sait que tout l'échaffaudage de preuves et de descriptions entassées par M. Transis pour montrer que le texte de César s'applique au golfe du Morbihan : chaussées encore existantes à Coulo, à Holavre à Gavr'innis........, etc., a été très-facilement renversé en 1853, par M. le docteur Fouquet dans son opuscule sur les ruines romaines du Morbihan. M. Fouquet place les opérations militaires de César, sur la grande côte entre la Vilaine et Saint-Gildas de Rhuys.

oppidis, César, s'aperçoit qu'il lutte en vain contre des ennemis qui lui échappent toujours et se décide à un grand effort : il attend sa flotte et tente dans la baie du Croizic, un combat naval que tous vous connaissez dans ses plus petits détails; mais rappelez-vous cet épisode : « Reliquum erat certamen » positum in virtute; quâ nostri milites facile superabant, » atque eo magis, quod in conspectu Cœsaris atque omnis » exercitus res gerebatur, ut nullum paulo fortius factum » latere posset; omnes enim colles et loca superiora, unde » erat propinquus despectus in mare ab exercito tenebantur. »

Quiconque a parcouru les hautes collines qui s'étendent en cirque depuis l'Ouest de Guérande jusqu'à Pornichet, en passant par Carheil et Escoublac, a remarqué l'admirable panorama dont on jouit de ces hauteurs sur tout l'archipel Guérandais. Aucun détail ne peut échapper et l'on comprend facilement combien de là *nullum paulo fortius factum latere potebat* (1).

Après tout cela, est-il nécessaire de discuter la fameus question du *mare conclusum*. Pour notre compte, le contexte nous amène à traduire simplement par la Méditerranée, et M. Lallemand adopte aussi cette version; mais si l'on veut absolument y voir une mer fermée sur nos côtes, l'archipel Guérandais et le trait du Croisic correspondent aussi bien à la définition que le golfe du Morbihan, ou la baie de Quiberon. Donc, à défaut de preuves positives en faveur de la région située à l'Ouest de la Vilaine, il résulte pour nous de tout ceci, que le territoire des Venètes s'étendait au moment de l'occupation romaine jusqu'à la Loire, et que l'expédition navale de César eut lieu à l'embouchure de la Loire dans l'Archipel Gué-

(1) M. Transis a publié, dans le tome Ier des Mémoires de la Société archéologique des Côtes-du-Nord, un long récit de la campagne Vénétique, accompagné d'un commentaire minutieux du texte de César : mais toutes ses déductions peuvent s'appliquer exactement à l'archipel Guérandais. Il ne parle pas du passage de la Vilaine : et quant aux faits actuels qu'il cite, nous avons dit plus haut que M. Fouquet les a démontrés inexacts.

randais, les Venètes y ayant concentré toutes leurs forces et tous leurs vaisseaux. Aussi pensons-nous que le chef-lieu des Venètes à cette époque devait se trouver aux environs de l'emplacement de l'ancien Corbilon; ou bien, s'il se trouvait à Locmariaker, comme le soutient M. Tranois qui place à Locmariaker le Dariorigum de Ptolémée (Dor ou Daour-iorig, — Porte ou territoire de l'ancrage?), il ne fit point de résistance spéciale, César ayant détruit toute la puissance Vénète sur le siége de sa seconde ville principale (1). Dans notre opinion, Locmariaker fut la capitale primitive des Venètes, mais elle fut remplacée par Corbilon après la conquête de la colonie phénicienne; la situation de cette dernière étant beaucoup plus favorable à la défense, et l'entrepôt commercial, établi depuis longues années, ayant tout intérêt à ne pas être déplacé.

Mais il y a plus encore en faveur de Corbilon ou d'un lieu tout voisin. M. de Kersabiec a remarqué au pied de Guérande un lieu qu'on appelle encore *la Motte aux Blancs* ou *la Ville aux Blancs*, nommé dans les documents anciens *Gwened* ou *Veneta*, ce qui n'est que la traduction littérale du celtique *Gwen* qui veut dire blanc, étymologie non contestée du nom même de la peuplade Venète : ce nom de blanc se retrouve encore dans les environs, à Notre-Dame *La Blanche*, au *Blanc*, à la *Ville-Blanche*, et surtout aux trois hameaux de *Kerbenet*. (2) Là aussi est, d'après les chroniques, le berceau de la fameuse famille *Albina*, traduction latine du nom typique d'une ancienne famille sénatoriale des Venètes, d'où sortit saint *Aubin*, patron de Guérande. Pour nous donc, le chef-lieu des Venètes était alors situé dans cette région des Blancs, où les tumulus, dolmens et autres monuments de ce genre ne sont pas moins nombreux qu'aux environs de Locmariaker.

(1) Il est à remarquer que César ne donne pas le nom de la capitale des Venètes, et que le géographe Ptolémée, au IIe siècle, est le premier qui en ait parlé, en l'appelant Dariorigum : nous montrerons qu'elle avait été déjà déplacée. Voir au chap. II.

(2) Nous croyons être le premier à signaler ce nom caractéristique, car *Kerbenet* n'est autre chose que *Kervenet*.

Nous venons de fouiller avec M. Martin, pour la Société archéologique de Nantes, un tumulus situé au village de Dissignac, entre Escoublac et Saint-Nazaire, et dont les deux chambres intérieures à galeries parallèles, ne le cèdent en rien aux plus belles du Morbihan. Tout le pays environnant est jonché de débris de monuments mégalitiques.

La plus grande partie de notre tâche est terminée, au sujet de la délimitation générale des Ossismiens et des Venètes ; il ne nous reste plus qu'à les borner à l'Est, et la limite des anciens évêchés de Tréguier, de Vannes et de Guérande, correspondant à très-peu près à des limites naturelles déterminées par des accidents topographiques importants, nous prendrons ces limites naturelles pour frontières. Les Ossismiens étaient donc bornés à l'Est par les rivières du Trieux et du Leff (1), et l'on sait que le Trieux forme une telle barrière que des vaisseaux de ligne pourraient remonter fort loin dans l'intérieur. Les Venètes avaient pour frontière l'Oust jusqu'à la Vilaine et le sillon de Bretagne depuis l'Isac, jusqu'au confluent de l'Erdre dans la Loire.

Du reste, une immense région de forêts a précisément existé jadis sur tout le parcours de cette ligne qui prend la Bretagne en écharpe depuis Nantes jusqu'à Paimpol et Tréguier. Il en existe encore d'importants débris et les forêts actuelles du Gâvre, de Saint-Gildas, de la Bretèche, de Lanvaux, de Paimpont, de la Nouée, de Lorges, d'Avaugour, etc...., sont les jalons les plus importants d'une zône de plusieurs lieues de largeur qui séparait les deux groupes les plus importants des peuplades Armoricaines (2), à l'Ouest les Ossismiens et les Venètes que nous venons d'étudier, à l'Est les Curiosolites, les Diablintes,

(1) On pourrait prendre le Trieux seul, dont le cours est plus rectiligne ; mais les sources du Leff correspondant à très-peu près à celles de l'Oust de l'autre côté de la chaîne des montagnes séparatives des bassins de la Manche et de l'Océan, nous préférons cette dernière rivière qui correspond exactement, du reste, à la frontière de l'ancien évêché de Tréguier.

(2) Nous ferons une remarque importante à propos de cette zône séparative des

les Redones et les Namnètes, qui vont faire l'objet de deux paragraphes distincts.

---

§ 2. — *Curiosolites et Diablintes.*

Ptolémée qui, comme nous l'avons déjà dit, écrivait dans la première moitié du IIe siècle de l'ère chrétienne, ne parle pas des Curiosolites; MM. Geslin de Bourgogne et de Barthélemy, dans leurs anciens évêchés de Bretagne, pensent que ce silence est dû à ce que les Curiosolites n'étaient pas encore soumis aux Romains; mais nous pensons plutôt que c'est par oubli; car César raconte leur défaite avec de grands détails, à la même époque que celle des Venètes.

César ne cite pas les Curiosolites parmi les peuples auxquels les Venètes demandèrent assistance : « Ossismios, Lexobios, Nannetes, Ambiliates, Morinos, Diablintes, Menapios..... » Mais quelques lignes auparavant, il avait dit que les Eusebii, les Curiosolitæ et les Veneti avaient été les causes de la guerre, en retenant les commissaires qu'il avait envoyés vers eux :

« In finitimas civitates frumenti commeatusque petendi causa, quo in numero erat T. Terrasidius missus in Eusebios, M. Trebius Gallus in Curiosolitas, Q. Velanius cum T. Silio in Venetos.... » Et plus loin, après avoir parlé de son projet d'expédition contre les Venètes et leurs alliés, il dit qu'il

deux groupes principaux des peuplades Armoricaines : en étudiant attentivement la numismatique gauloise anépigraphique, nous ne pensons pas qu'on puisse la ramener à plus de deux types principaux précisément séparés par cette zone : au Sud-Ouest, le Bélénus entouré de petites têtes à cordons perlés avec toutes les variantes, du sanglier, de la bécasse, de l'hippocampe, du génie ailé, etc.; au Nord-Est, le Bélénus à trois gros rangs de boucles avec des variantes analogues. Nous croyons qu'il serait téméraire dans l'état actuel de la science de pousser les divisions plus loin.

avait envoyé des légions pour contenir les peuples de la Gaule qui auraient pu venir à leur secours : « Q. Titurium Sabinum » legatum cum legionibus III, in Unellos, Curiosolitas, Lexo» biosque mittit, qui eam manum distinendam curet........ » Viridovix avait pris le commandement de toutes les troupes de ces peuples qui furent d'abord battues par Sabinus; puis quand on apprit la défaite des Venètes, « civitates omnes se statim Titurio dederunt.... »

C'est assez clair. Ainsi, César place les Curiosolites avec le groupe des Unelles et des Lexovii.... c'est-à-dire avec les peuplades du Nord-Ouest de la Gaule qui habitent à présent la Manche et le Calvados. C'est dire qu'il ne faut pas les placer dans l'ancien évêché de Quimper, et cela répond d'avance à ceux qui, soutenant, comme c'est juste, l'existence future des Corisopites à Quimper, veulent absolument les confondre avec les Curiosolites. Le pays de Quimper aurait donné directement la main aux Venètes dans cette campagne, quand bien même il n'aurait pas fait partie de leur territoire, et ceux que César avait intérêt à distraire « manum distinendam » étaient groupés au Nord-Est près des provinces déjà conquises.

Pline cite aussi les Curiosolites dans son Histoire naturelle, et les appelle *Curiosuelites*, sans leur assigner de place précise.

Malheureusement, César et Pline sont les seuls auteurs qui aient parlé de cette peuplade dont le nom s'est ensuite perdu; aussi, sans la découverte des importantes ruines de Corseul, au siècle dernier, on n'aurait pu que difficilement appuyer par des faits positifs les déductions prédédentes : « Les ruines romaines de Corseul et la ressemblance plus ou moins éloignée du nom de ce village avec le nom des Curiosolites » paraissent à M. le Men, dont nous venons de citer les propres expressions, des arguments de très-peu de valeur pour placer cette peuplade dans les anciens évêchés de Saint-Malo et de Saint-Brieuc, et c'est, dit-il, « par une étrange distraction que l'on fait des Curiosolites un peuple distinct des Corisopites. » Et d'où vient, s'il vous plaît, cette étrange distraction? M. le Men a prouvé fort judicieusement, selon nous, que les Corisopites existèrent à Quimper; mais pourquoi veut-il nous empêcher de prouver aussi judicieusement que les Curiosolites habitaient à Corseul? M. le Men ne connaît pas sans doute la belle inscription en marbre blanc, que M. le président Fornier conserve dans sa remarquable collection, inscription reproduite fidèlement dans les mémoires de la Société d'émulation des Côtes-du-Nord, et qui porte fort lisiblement CIVI.. CVR.. Qu'est-ce ceci sinon Civitas Curiosolitarum? Or, le marbre vient de Corseul, et M. Le Men qui découvre avec raison le véritable emplacement de Vorganium à l'aide d'une borne milliaire, voudra bien nous permettre de déterminer la place des Curiosolites à l'aide d'une inscription votive. Il ne connaît point non plus la borne milliaire de Saint-Méloir, aussi publiée par la Société d'Emulation des Côtes-du-Nord et qui porte « M. Piavonio Victorino P. F. Aug. P..... O. COR... Leug IV... » Qu'est-ce encore O. COR sinon ordo Coriosolitarum variante de Curiosolite? Attachons-nous donc, Messieurs, avant de produire des affirmations catégoriques sur des cantons éloignés de nous, à consulter tous les documents retrouvés, et tous les travaux publiés dans ces cantons. Voici deux inscriptions non contestées qui attestent formellement l'existence des Curiosolites dans le pays de Corseul. Nous avons déjà dit, du reste, que dans son mémoire adressé au Congrès de Saint-Brieuc en 1872, M. Longnon a fort bien élucidé la question de séparation des Corisopites et des Curiosolites. Nous partageons complètement son avis sur ce sujet.

La peuplade est déjà bornée à l'Est et au Sud par les Ossismiens et les Venètes, elle l'est au Nord par la Manche. Il nous reste à déterminer sa limite orientale. En général, l'opinion classique attribue aux Curiosolites les deux évêchés de Saint-Brieuc et de Saint-Malo; quelques-uns même y ajoutent l'évêché de Dol; mais cette délimitation ne peut être la nôtre. Ces trois évêchés n'ont été bien séparés que sous Nominoë, qui leur fixa des limites en grande partie indépendantes des accidents topographiques du sol. L'évêché de Saint-Malo chevauche des deux côtés de la Rance et de l'Arguenon, et celui de Dol est répandu un peu partout à l'aide d'enclaves. Nous pensons donc que la limite orientale des Curiosolites dut être à l'origine l'une des rivières profondes qui traversent perpendiculairement ce pays : elles sont nombreuses; la Rance et l'Arguenon sont les principales. Mais pour décider cette question, nous devons examiner d'abord le problème de la position des Diablintes.

L'opinion commune place les Diablintes dans le Maine, aux alentours de Jublains; et l'on prétend que les ruines importantes trouvées dans cette dernière localité sont aussi concluantes en la matière, que celles de Corseul pour défendre les Curiosolites. Et, cependant, cette opinion est formellement contraire aux textes anciens.

Enumérant les alliés des Venètes, César dit au livre III *de Bello Gallico* : « Socios sibi ad id bellum, Osismios, Lexovios, Nannetes, Ambialites, Morinos, Diablintes, Menapios adsciscunt : » Or les Venètes, en dehors de leurs voisins directs ne devaient appeler à leurs secours que des peuplades maritimes. Toutes celles qu'énumère César le sont, en effet, sauf les Namnètes, voisins directs de la mer, en tout cas riverains de la Loire, et cela nous conduit à penser que les Diablintes ne devaient pas être situés à l'intérieur des terres, comme ils le seraient dans le Maine à Jublains.

De son côté, Ptolémée qui appelle cette peuplade Diaulites (1), les place immédiatement à l'Est des Venètes : « *Venetis magis orientales sunt Auberci Diaulitæ, quorum civitas Noiodunum*. Enfin, Pline les cite dans son livre *de Gallia* entre les Curiosolites et les Redones.

La concordance de ces divers témoignages avait porté tous les géographes du XVIe et du XVIIe siècle à donner aux Diablintes le territoire des anciens évêchés de Saint-Malo et de

(1) Διαυλιται, var : Διαβλιται

Dol. D'Argentré, suivi par le P. Toussaint de Saint-Luc, affirmait catégoriquement ce système et plaçait le *Nœodunum* ou *Noiodunum* de Ptolémée à Châteauneuf de la Noë. Au commencement du XVIIIe siècle, on trouva des ruines romaines très-importantes à Jublains dans la Mayenne et l'abbé Le Bœuf, remarquant que le nom de Jublains équivalait à Diablinte, *Dia* s'étant changé en *Ju*, de même que le mot jour est dérivé de *Dies* ou de *Diurnus*, proposa, le premier, Jublains pour capitale des Diablintes. Depuis ce temps presque tous les paléo-géographes ont adopté son système, en se fondant uniquement sur cette ressemblance de nom et sur les ruines trouvées. Mais c'est ici que pourrait s'appliquer à juste titre le raisonnement que M. Le Men fait à tort pour Corseul et les Curiosolites : en effet, si l'on trouve des textes et des inscriptions en faveur de Corseul, on n'en trouve point, à notre connaissance du moins, en faveur de Jublains ; et M. Longnon a fort judicieusement remarqué dans son mémoire du Congrès de Saint-Brieuc, que plusieurs fois dans la Gaule, des *Colonies* sorties d'une *civitas* mère ont pris le nom de la cité, sans qu'elles soient pour cela devenues *civitates* et c'est là le point important. On peut donc, selon lui, accorder parfaitement la similitude de nom de Jublains et de Diablintes, en plaçant à Jublains une colonie importante de Diablintes, mais pas autre chose.

Et, en effet, les trois textes, cités plus haut, ne sont pas les seules autorités qui puissent appuyer le sentiment du vieux d'Argentré.

La *noticia provinciarum* qui date du commencement du Ve siècle, décrit ainsi la troisième Lyonnaise :

Metropolis civitas Turonum, — puis — civitas Cenomanorum, civitas Redonum, civitas Andecavorum, civitas Nannetum, civitas Coriosopitum, civitas Venetum, civitas Ossismorum, civitas Diablintum.

Or, il ne pourrait y avoir de doute que pour Civitas Coriosopitum et Civitas Diablintum. Nous avons déjà dit que M. Longnon ayant trouvé le texte Coriosopitum dans un document authentique dont la date ne peut varier que de l'an 537 à 555, il n'est plus permis de confondre les Coriosopites avec les Curiosolites : car on ne pouvait les confondre au milieu du VIe siècle, comme on le fit plus tard dans les nombreuses copies de la notice qu'on a du Xe au XIe siècle, copies dans lesquelles la leçon Coriosopite domine. Mais le concile de Tours citant positivement en 849 un *Episcopus corisopitensis* à Quimper et les évêques de Quimper ayant toujours gardé cette désignation depuis, on ne peut placer les Coriosopites qu'à Quimper.

Cela posé, ou bien il faut admettre que les Curiosolites n'ont jamais existé, et donner aux Ossismiens ou aux Redones leur territoire, ce que fait M. Le Men, ou bien il faut reconnaître que Civitas Diablintum comble justement la lacune, ce que fait M. Longnon qui suppose fort à propos que les Diablintes ont dû absorber les Curiosolites ruinés par une invasion barbare venue des mers du Nord.

Il y a plus, et ceci est catégorique. La nomenclature des sept diocèses de la province de Tours en 848 en donne cinq parfaitement connus : Turonensis, Cenomamis, Redonensis, Venetensis, Nannetensis et Corisopitensis : elle en ajoute deux autres Oximensis et Dialetensis, lesquels, en procédant par élimination doivent évidemment correspondre aux cinq évêchés de Nominoë : Léon, Tréguier, Saint-Brieuc, Saint-Malo et Dol. Or l'Oximensis a formé certainement Léon et Tréguier ; il faut donc absolument qu'au IXe siècle Dialetensis correspondit aux trois évêchés de St-Brieuc, St-Malo et Dol. Cette argumentation de M. Longnon nous paraît irréfutable ; elle a la précision mathématique. Mais les *civitates* citées plus haut correspondent précisément, sauf la dernière, aux évêchés de la nomenclature des suffragants de Tours : il faut donc absolument que *civitas Diablintum*, au commencement du Ve siècle, soit la même chose qu'*episcopus Dialetensis* au neuvième, c'est-à-dire correspondit alors aux trois évêchés actuels de Saint-Brieuc, Saint-Malo et Dol. Du reste, les évêchés du IXe siècle venant se superposer exactement sur les *civitates* du cinquième, comment pourrait-il se faire qu'il eût existé une civitas à Jublains et qu'il soit impossible d'y découvrir la moindre trace d'un évêché? Jublains, simple paroisse, n'a même jamais eu l'honneur d'un archidiaconé, et nous ne sachions pas que jusqu'à la révolution, il y ait eu à une époque quelconque un siége épiscopal sur un point du territoire du département de la Mayenne : Laval dût son évêché à la division départementale et au concordat. Dans notre système au contraire on trouve trois évêchés au lieu de pas un, sur le territoire des Diablintes du ve siècle.

On admet généralement, dit M. Morin, que, parmi les cités armoricaines, celle des Diablintes fut la seule à laquelle ne succéda pas un évêché. Pourquoi cette exception ?... Cela embarrasse fort un érudit du département de la Sarthe, M. Trouillard, qui, dans les mémoires de la Société d'Agriculture de ce département, en 1867, est obligé de bâtir à ce sujet tout un système qu'il appelle « dislocation du pays des Diablintes ». Pourquoi se donner tant de peine, à la suite d'une simple analogie de nom, sans autres documents !!

Remarquons de plus une coïncidence au moins singulière : Quelle est l'origine de ce Dialetensis qu'on retrouve dans l'histoire primitive de Nominoë : (Britanni Dialetenses) et qui a un rapport de consonnance si frappant avec les Diaulétes de Ptolémée. Ces deux noms ne seraient-ils pas un adoucissement de Diablinte en supprimant le b ? Or, on sait que la ville de Saint-Servan, qui s'appelait encore Quidallet (Gwic-Alet) du temps de Le Baud, portait sous les Romains, le nom d'Aletum. Alet est, en effet, cité sous Honorius dans la *notitia dignitatum* comme siége d'une garnison du Tractus Armoricanus : tout porte donc à croire qu'Alet, qui était dès le vi[e] siécle le siége d'un évêque (régionnaire ainsi que le veut M. Halléguen, ou abbé, suivant l'opinion de M. de la Borderie), fut la capitale des Diablintes, Dialintes, Diaulétes ou Dialètes. Ptolémée appelle cette capitale Næodunum, mais on sait que dès le iiie siècle le nom de la peuplade avait remplacé presque partout l'ancien nom des chefs-lieux : Retrouve-t-on Dariorigum dans Vannes, issu de Veneti, ou Condate dans Rennes issu de Redones ?

C'est ainsi que Næodunum devint Dialetum issu de Dialètes ou Dialintes et par contraction, Aletum. Une des gloses de la notice des provinces copiée vers le xe siècle porte civitas Diablintum, id est Aliud, vel Adala... c'est le nom d'Alet qui semble surnager dans toutes ces variantes.

« Civitas Diablintum quo alio nomine Aletum in manuscripto Isidori mercatoris. .. » dit Camden dans ses Bretons ; et l'abbé Manet, malgré la ville et les ruines de Jublains se range à l'opinion de Camden.

Nous ne terminerons pas ce sujet sans dire quelque chose d'une discussion numismatique qui n'est pas sans intérêt. Pellerin avait attribué aux Diablintes des monnaies gauloises épigraphiques en argent portant une tête imberbe casquée tournée à gauche, et au revers un cheval sanglé galopant à droite avec la devise DIAOULOS. Le marquis de Lagoy adopta plus tard cette attribution, et Lambert en 1844 se bornait à dire que cette lecture était douteuse ; mais M. de Barthélemy, remarquant que le style de ces médailles se rapprochait beaucoup de celui de la Gaule Orientale, pensa dès 1847 que Diaoulos était plutôt un nom de chef qu'un rappel des Diaulites de Ptolémée. M. Hucher, en 1852, se prononça aussi contre l'attribution aux Diablintes, et ce dernier système n'est plus soutenu aujourd'hui. On sait, du reste, que les monnaies armoricaines de la presqu'île sont anépigraphiques, sauf peut-être les très-rares échantillons trouvés le long de la Loire, marqués d'un signe ressemblant à un Σ grec, et que M. Parenteau a cru devoir attribuer aux Samnites. Ajoutons, puisque nous sommes sur ce chapitre, que MM. Hucher et Lambert ont depuis ce temps attribué aux Diablintes des monnaies offrant un type assez approché de celui qu'on est convenu d'appeler des Redones ; mais ils ne font cette attribution que parce que ces monnaies (à l'Apollon Belenus lauré, portant au revers un cheval androcéphale piétinant un personnage renversé tenant une sorte de bouclier....) ont été trouvées en grand nombre dans la commune de Hardanges, département de la Mayenne. Nous avons déjà dit ce que nous pensions du peu de certitude des attributions de monnaies gauloises anépigraphiques aux différentes peuplades Armoricaines.

De tout ceci résulte pour nous qu'au ve siècle, les Diablintes, ayant pour chef-lieu Dialet ou Alet occupaient le territoire des évêchés actuels de Saint-Brieuc, Saint-Malo et Dol. Ils avaient donc complétement absorbé les Curiosolites leurs voisins, dont il n'est plus question, ni dans les textes authentiques des historiens ou géographes contemporains, ni dans les inscriptions à partir de la fin du IIIe siècle, et qui avaient sans doute été ruinés par une invasion barbaresque venue de la côte; et toute porte à croire que la séparation primitive des deux peuplades distinctes au moment de l'occupation romaine devait être la Rance, la plus large et la plus profonde de toutes les rivières de ce pays, celle qui se présente le mieux au point de vue topographique pour limiter une peuplade.

Quant à la limite orientale qui devait séparer les Diablintes des Redones, elle est plus difficile à établir. La rivière de Couesnon, qui débouche près du Mont-Saint-Michel, paraît devoir être la frontière maritime du Nord; à l'Est, la Vilaine avec son grand affluent, Le Meu, nous semble une excellente délimitation au Sud-Est, depuis Redon jusqu'à Mordelles; mais entre Mordelles et Antrain sur le Couesnon, il n'existe pas de division topographique aussi tranchée: nous joindrons ces deux points en ligne à peu près directe, en suivant autant que possible les accidents de terrains les plus remarquables: cette ligne est à peu près la limite de séparation des bassins de la Vilaine et de la Rance.

---

§ 3. — *Redones et Namnètes.*

Après tout ce que nous avons déjà dit, ces deux peuplades nous occuperont moins longtemps que les précédentes.

Nous savons déjà que les Redones étaient bornés à l'Ouest par les Diablintes, c'est-à-dire par la Vilaine, Le Meu, et la ligne de plateaux élevés qui s'étend de Montfort-sur-Meu à l'embouchure du Couesnon. Le fameux bourg de Feins qui se trouve sur cette ligne et dont l'étymologie trouvée dans le mot *Fines* a donné lieu à tant de discussions, ne devrait-il pas son nom à cette situation de poste frontière ?....

Au Nord, leur limite devait être la portion de côte alors contiguë au Mont-Saint-Michel qui n'était pas encore une île, comprise entre l'embouchure du Couesnon et l'embouchure de la rivière la Selune qui passe à Decey. En effet, César affirme positivement en plusieurs passages de ses commentaires, que les Redones étaient une peuplade maritime. Au chapitre II, *de Bello-Gallico*, il dit par exemple : « Eodem tempore a P. Crasso, quem cum legione una miserat in Venetos, Unellos, Osismios, Curiosolitas, Sesuvios, Aulercos, Rhedones, quæ sunt maritimæ civitates, oceanumque attingunt, certior factus est, omnes eas civitates in ditionem potestatemque populi Romani esse redactas » : dans cette nomenclature tous les voisins maritimes des Rhedones sont mentionnés ; les Unelli sont les habitants du département actuel de la Manche et les Diablintes sont sous-entendus dans les Aulercos. « Aulerci Diaulitæ » dit Ptolémée. — Nouvelle affirmation aussi catégorique au livre VII : « . . . . . Universis civitatibus quæ Oceanum attingunt, quo sunt in numero Curiosolites, Rhedones, Ambibari, Caletes, Osismii, Veneti, Unelli. . . . . . . » Les Redones étaient donc bien une nation maritime riveraine de l'Océan. Remarquons, du reste que la rivière Selune forme une limite très-naturelle au Nord, de Ducey à Saint-Hilaire, et que son affluent, la Glaine, continue parfaitement cette frontière à l'Est, de Saint-Hilaire au Loroux ; tandis que l'ancienne limite Nord de l'évêché de Rennes, ainsi que la limite actuelle du département d'Ille-et-Vilaine entre Louvigné-du-Désert et Antrain, n'est indiquée par aucun accident topographique ; elle est complètement arbitraire, et provient sans doute de donations de paroisses fort anciennes détachées du territoire primitif des

Redones. L'ancien évêché de Rennes, tel qu'il existait en 1789, n'a pas de frontières maritimes.

Jusqu'à ces derniers temps, on avait généralement donné pour limite Sud aux Redones la rivière de la Chère, affluent de la Vilaine, qui séparait, en 1789, les évêchés de Rennes et de Nantes et sépare encore les deux départements de l'Ille-et-Vilaine et de la Loire-Inférieure ; mais on a remarqué fort à propos que les paroisses situées entre la Chère et le Bruc ou Semnon, autre affluent de la Vilaine situé plus au Nord, furent distraites vers le XIe siècle de l'évêché de Nantes, pour être incorporées à celui de Rennes : l'ancienne limite séparative des deux évêchés était donc le Bruc ou Semnon, ce qui, du reste, était beaucoup plus naturel comme topographie, ainsi qu'on peut s'en convaincre en jetant les yeux sur une carte détaillée ; nous adopterons donc cette rivière pour limite des deux peuplades gauloises.

Enfin, la limite orientale depuis Louvigné jusqu'à Martigné devait se rapprocher beaucoup de la limite des évêchés de Rennes et du Mans, limite actuelle des départements d'Ille-et-Vilaine et de la Mayenne, dans la direction de la Guerche et de Pouancé : il est à remarquer qu'on rencontre précisément sur cette ligne orientale un grand nombre de petites forêts, telles que celles de Fougères, du Pertre, de la Guerche et d'Araize qui devaient autrefois former une ligne continue de forêts entre les Redones et les Cenomani, première frontière de la Bretagne, du Maine et de l'Anjou.

Quant à la capitale des Redones, Ptolémée l'appelle Condate, et personne ne met en doute que Condate ne soit située au lieu actuel de Rennes. Condate signifiait en langue gauloise confluent, plus exactement *coin*, et cette dénomination convient parfaitement à la situation de Rennes. On connaît, du reste, l'inscription de la Porte Mordelaise.

Nous arrivons aux Namnètes, et plusieurs de leurs frontières nous sont déjà connues : Au Nord, nous avons la rivière de Bruc ou Semnon ; à l'Ouest, la Vilaine et le sillon de Bretagne, en prenant pour limite orientale de ce sillon l'Isac jusqu'à Saint-Omer, puis la ligne de Bouvron à Orvault.

Au Sud, Ptolémée nous dit formellement que les Namnètes avaient la Loire pour frontière; c'était, du reste, une excellente frontière naturelle, Strabon avait déjà indiqué la Loire comme séparant les Namnètes des Pictons, et plus tard cette rivière devint sous les Romains la limite séparative de la Lyonnaise et de l'Aquitaine. Ce ne fut qu'au IXe siècle que la partie du diocèse actuel de Nantes et du département de la Loire-Inférieure située sur la rive gauche de la Loire, fut détachée du diocèse de Poitiers.

Reste à fixer la limite orientale; on la place généralement à celle des anciens diocèses de Nantes et d'Angers, limite à peu près actuelle du département de la Loire-Inférieure et du Maine-et-Loire, au Nord de la rivière; mais cette frontière a été gravement compromise par l'étude de M. de Kersabiec sur les Samnites et Corbilon. Ceci nous force à revenir sur cette question dont nous avons déjà dit quelques mots au sujet de la frontière méridionale des Venètes.

M. Bizeul, qui rapportait tout à Blain, ayant remarqué que César ne parlait des Samnites en aucun passage de ses commentaires, déclara que Samnites et Namnètes étaient le même mot et la même peuplade : qu'une faute de copiste avait pu dans Ptolémée changer le N en Σ, et que Blain se trouvait être à la fois le Corbilon de Strabon, la ville la plus florissante de l'embouchure de la Loire et le Condivicnum de Ptolémée, capitale des Namnètes.

Suivant notre méthode, consultons les textes anciens. César, il est vrai, ne parle ni de Corbilon, ni des Samnites; mais Strabon et Ptolémée se sont chargés de nous éclairer complètement à ce sujet. « Ligeris, dit Strabon traduit par les » Bénédictins, inter Pictones et Nannetas effluit. Prius emporium fuit Corbilon supra Ligerim : cujus mentionem faciens Polybius simul Pytheæ refert commentum, Massiliensium scilicet, qui Scipionem convenerunt, nullum quicquam habuisse dignum memoratu, quod diceret interrogatus de

» Britannia, itemque Narbonensium et Corbilonensium ; cum » hæ tres urbes Galliæ omnium essent optimæ... »

Traduisez littéralement : vous trouverez dans ce texte, qu'à l'époque de Strabon, la Loire coulait entre les Pictones et les Nannètes, et qu'avant cette époque « *prius*, » il y avait dans cette région, sur le fleuve où au-dessus de ce fleuve « επι τουτω τω ποταμω » un emporium, c'est-à-dire un grand comptoir de commerce, nommé Corbilon, et l'une des trois villes les plus florissantes de la Gaule. Sur ce seul texte, les géographes se sont donné libre carrière, et, depuis trois siècles, on se dispute pour savoir où se trouvait Corbilon : était-ce à Nantes, au Croisic, à Condivicnum, à Blois, à Couëron, à Montoir, à Corsept ou à Blain?...... M de Kersabiec, abandonnant le terrain des conjectures, a fort judicieusement remarqué qu'il ne fallait pas séparer la question de Corbilon de celle des Samnites : toutes les deux se lient; toutes les deux ont des points de contact précis. Qu'est-ce Corbilon, emporium en relation directe avec Marseille, sinon un comptoir phénicien ou phocéen comme Marseille lui-même? Qu'est-ce les Samnites, sinon la colonie phénicienne ou égyptienne sur le territoire de laquelle le comptoir s'établit? La plus grande partie des noms de lieux de l'archipel Guérandais ne sont-ils point d'étymologie phénicienne, et le Radical San de Samnites ou Samnites, qu'on rencontre dans une foule de noms de cette côte, ne vient-il par d'origine chananéenne? Que César ne parle pas des Samnites, c'est très-vraisemblable ; il n'avait à parler que des Venètes la plus puissante des peuplades maritimes à son arrivée, Venètes qui, pour être maîtres de toute la baie vénétique avaient dû forcément s'emparer de l'emporium et du pays environnant, et lui imposer leurs lois et leur nom (1).

(1) Remarquons de plus qu'*emporium* laisse une certaine latitude. Il y a encore sur a côte d'Afrique, selon une observation que nous faisait M. le lieutenant de vaisseau Martin, de Guérande, des emporium ou comptoirs, occupant plusieurs lieues d'étendue.

Mais après la destruction de la puissance maritime des Vénètes, les Samnites réapparaissent et Strabon, qui écrivait sous Auguste, écrit au livre IV de sa géographie : « Il est sur l'Océan, pas tout-à-fait en haute mer, mais placée dans l'embouchure de la Loire, une petite île où habitent des femmes Samnites...... Aucun homme n'y peut aborder, mais elles, montant sur des barques, vont s'unir à leurs époux, et de là reviennent en leur île... »

Ptolémée vient, un siècle après, confirmer ces renseignements d'une manière plus catégorique. Donnant la nomenclature des peuplades Armoricaines méridionales, dont nous avons déjà cité plusieurs passages, il dit : « Occidentale autem littorale sub Osismiis tenent Veneti quorum civitas Dariorigum, *sub quibus Samnitæ appropinquantes Ligeri fluvio.* In mediterranea autem...., Samnitis septentrionaliores Andicavæ...... post quos Namnetæ quorum civitas Condivicnum. » Ainsi, dans un même passage, voici une mention très-nette des Samnites et des Namnètes ; comment soutenir que le géographe ait pu les confondre ou qu'il y ait eu faute de copiste dans la distinction ? Les Samnites au IIe siècle occupaient donc le territoire compris entre la Loire et la Vilaine, « Sub Venetis » qui, s'ils n'avaient pas repris leur antique frontière de la Vilaine, après la destruction de leur puissance par César, laissaient le nom de Samnites reparaître ; mais ceux-ci ne forment pas de civitas distincte.

Telle est la seule discussion rationnelle des textes anciens qui tous concordent ainsi, *en leur prenant à leur date.* — De son côté, cherchant à prouver l'existence distincte des Samnites par les monuments artistiques qui nous en restent, M. Parenteau a signalé dans son essai sur les monnaies des Namnètes, cinq exemplaires d'un type armoricain (tête à cordons perlés) ayant au revers un personnage debout devant lequel est tantôt un Σ bien dessiné, mais renversé ainsi Ƨ, tantôt un X ou sigma double ou déformé : Or les cinq exemplaires signalés ont été trouvés à Candé, à Ancenis ou dans cette région de la Loire : c'est une monnaie très-rare et qui n'a pas été rencontrée ailleurs en Gaule. M. Parenteau en conclut que ce Σ est l'initiale du nom des Samnites, et remarquant que la poterie guérandaise a encore quelque chose du caractère étrusque, il pense qu'une colonie Samnite a occupé la côte et la Loire, depuis la Vilaine jusqu'à Ancenis, depuis le IIIe siècle avant Jésus-Christ, époque de la soumission du Samnium par les Romains, et que cette colonie ne s'est fondue avec les Namnètes que vers le IIe ou IIIe siècle après Jésus-Christ. Cela expliquerait très-bien, dit encore M. Parenteau, les inscriptions au *Deo-Volcano*, d'origine étrusque, qu'on rencontre à Nantes dans la période Gallo-Romaine. — Nous pensons qu'il ne faut pas pousser aussi loin des déductions non appuyées par des textes. On peut aussi bien expliquer des inscriptions votives à une divinité quelconque par la présence d'une garnison toscane, pendant la période d'occupation et si l'on n'a trouvé que cinq médailles au Σ dans les environs de Candé ou d'Ancenis, est-ce une raison pour étendre jusque-là le territoire des Samnites ? Nous ne le pensons pas, et nous croyons devoir maintenir, d'accord avec M. de Kersabiec et M. Desmars, notre première délimitation.

Les Namnètes étaient donc bornés à l'Ouest, au moment de l'occupation romaine, par l'épaisse ligne de forêts qui s'étendait de Nantes à la Roche-Bernard entre le sillon de Bretagne d'une part, l'Isac et l'embouchure de l'Erde d'autre part.

Reste la question de l'emplacement de leur capitale, que Ptolémée nomme Condevicnum. M. Bizeul la place à Blain, parce qu'en ce point aboutirent plus tard, suivant lui, sept directions de voies romaines, ce qui semble indiquer un point très-important; et comme la situation topographique n'a rien de particulièrement remarquable, il faut y placer la première capitale des Namnètes, dont le nom actuel Blain ou Belain serait dérivé de (Cor) belon. Nous n'insisterons pas sur cette dernière étymologie quelque peu fantaisiste : l'argument tiré des voies romaines et des restes Gallo-Romains trouvés à Blain est plus spécieux ; mais il ne faut pas lui donner plus de poids qu'il ne mérite. Carhaix fut beaucoup plus important que Blain sous la domination romaine, et Carhaix ne s'éleva point sur l'emplacement de Vorganium. Nous montrerons, du reste, dans notre second chapitre, que sous le rapport des voies, M. Bizeul a un peu abusé du système de convergence absolue.

Mais, si Condevicnum ne se trouvait ni à Blain, simple croisement accidentel de plusieurs directions indépendantes, ni à Nantes de fondation romaine (ou du moins qui dut son importance aux romains), où donc ce chef-lieu se trouverait-il placé? M. de Kersabiec nous semble dans le vrai, lorsque, remarquant que le bourg actuel de Candé sur Erdre, aujourd'hui dépendant de Maine-et-Loire, mais en quelque sorte enclavé dans l'arrondissement d'Ancenis, fit partie jusqu'en 1789 de l'ancien évêché de Nantes, et que dans l'*Historia Britonnum* de Nennius ce lieu porte le nom de Cant-Guic, ou Cande-Gwic, il le superpose exactement avec le Condevicnum de Ptolémée ; car les nombreux *Cande, Condé, Condate* de la Gaule ont évidemment la même origine dérivée du Celtique et signifiant situation sur un cours d'eau ; et le grec *ouigcon* traduit en latin par Vicnum ou Vicus, n'est autre chose que le Gwic Gaulois, si commun encore sous la forme de Wich en Angleterre. Ajoutons qu'en 1860 on trouva 120 statères d'or au même type avec deux seules variétés, dans un champ de choux de la paroisse de Candé, que plusieurs autres magnifiques statères cités par M. Parenteau proviennent du même territoire, et nous n'aurons pas de peine à reconnaître dans Candé l'ancien chef-lieu des Namnètes, qui devaient être par conséquent bornés à l'Est par l'Oudon jusqu'à Segré (M. de Kersabiec les descend même jusqu'au Lion d'Angers dont le patron est Saint-Martin de Vertou : mais le raccord serait ensuite difficile) et la rivière d'Ingrandes (Ingressus Andorum).

---

§ 4. — *Conclusions.*

En résumé les peuplades Armoricaines de la presqu'île étaient ainsi divisées au moment de l'occupation romaine.

1° Au Nord-Ouest, les *Ossismiens*, bornés au Nord et à l'Ouest par l'Océan, au Sud par la rade de Brest et la chaîne des montagnes d'Arrhée, à l'Est par le Trieux et le Leff, chef-lieu *Vorganium*, située vers la pointe de l'*Aber-Vrac'h.*

2° Au Sud les *Venètes,* la plus puissante de toutes les peuplades et dont le territoire avait absorbé celui des Samnites : bornés au Nord par la rade de Brest et la chaîne des montagnes d'Arrhée, à l'Ouest et au Sud par l'Océan et la Loire, à l'Est par la rivière d'Oust, l'Isac et le sillon de Bretagne jusqu'au confluent de l'Erdre dans la Loire. Chef-lieu *Guéned ou Weneta* située au *pied de Guérande.* Une grande ligne de forêts prenait la presqu'île en écharpe depuis le confluent de l'Erdre jusqu'à l'embouchure du Trieux et séparait ces deux peuplades des suivantes. Nous pensons qu'elle établit aussi une démarcation dans la distribution des deux types principaux des monnaies gauloises Armoricaines.

3° et 4° Au Nord, les *Curiosolites* et les *Diablintes.*

Les *Curiosolites* bornés au Nord par la Manche, à l'Ouest par le Trieux, le Leff et l'Oust, à l'Est par la Rance, au Sud par les forêts de Loudéac et de Lanouë. Chef-lieu *Corseul.*

Les *Diablintes,* bornés au Nord par la Manche, à l'Ouest par la Rance et la forêt de la Nouée, au Sud par l'Oust, et à l'Est par le Couësnon, le Meu et la Vilaine. Chef-lieu, *Noiodunum,* depuis, *Dialet* ou *Alet,* aujourd'hui *Saint-Servan.*

5° Au Nord-Est les *Redones,* bornés au Nord par la Manche et la Selune, à l'Ouest par le Couesnon, le Meu et la Vilaine, au Sud par le Semnon, à l'Est par la Glaine et les collines extrêmes du bassin de la Vilaine : Chef-lieu *Condate* aujourd'hui *Rennes*.

6° Au Sud-Est les *Namnètes*, bornés au Nord par le Semnon, à l'Ouest par la Vilaine, l'Isac et l'Erdre, au Sud par la Loire, à l'Ouest par l'Oudon jusqu'à Segré et la rivière d'Ingrandes. Capitale *Condevicnum*, aujourd'hui *Candé-sur-Erdre*.

CHAPITRE II

Géographie de la presqu'île Armoricaine à la fin de l'empire Romain.

§ 1. — *Limite des Civitates.*

Les provinces Armoricaines se détachèrent, au ve siècle, de l'empire romain et se constituèrent en fédération indépendante, tout en conservant la plupart de leurs garnisons romaines et la forme de leurs gouvernements propres, mais en chassant les *Præsides* vers l'an 409, l'année qui précéda la prise de Rome par Alaric; et M. Morin, dans sa remarquable étude sur l'Armorique au ve siècle, publiée dans les mémoires de la Société archéologique d'Ille-et-Vilaine, a montré que cette indépendance réelle se maintint pendant près d'un siècle avec des intermittences de repos et de guerre, jusqu'au moment où la prise de Paris par Clovis réduisit tout d'un coup sous son obéissance la confédération tout entière. C'est au commencement du ve siècle, pendant les dernières années de l'occupation officielle des empereurs, que nous voulons examiner la situation géographique des cités de la presqu'île : les études du chapitre précédent vont singulièrement diminuer les difficultés de notre tâche.

A ce moment nos peuplades formaient partie d'un immense gouvernement militaire qui portait le nom de *Tractus armoricanus et nervicanus* et qui s'étendait selon M. Morin, sur les deux Aquitaines, sur la seconde et troisième Lyonnaise, et sur la Sénonie ou quatrième Lyonnaise ; par conséquent, cinq provinces sur les dix-sept dont se composait le vicariat des

Gaules étaient comprises dans le gouvernement militaire de l'Armorique; mais toutes ne prirent point part au mouvement de l'indépendance, ou du moins n'y persévèrent pas, et la confédération qui s'établit en 409 ne comprit, dit M. Morin, que les pays situés entre l'Océan, la Loire et la Seine, en prenant le Loiret pour limite au Sud-Est. Nous ne nous occuperons, bien entendu, dans ce second chapitre, que des peuplades du Tractus comprises dans la presqu'île Armoricaine proprement dite : nous étudions la nouvelle situation des peuplades précédentes, quatre siècles après celle qui a fait l'objet de notre premier chapitre.

Deux documents contemporains sont à notre disposition : la Notice des provinces et des cités de l'Empire connue sous le nom de *Notitia provinciarum*, et rédigée sous Honorius et le pape Zozime, c'est-à-dire de 401 à 407; puis la nomenclature des garnisons principales du tractus qui date à peu près de la même époque, et qui s'appelle la *Notitia Dignitatum*.

Dans la Notice des provinces, dit M. Bizeul au sujet des Ossismes, « on retrouve les cinq peuples de la péninsule Armori» que que César et les géographes grecs et romains avaient » signalés, dès le temps et dans les deux premiers siècles de la » conquête, savoir : les Rhedones, les Namnètes, les Curioso» lites, les Venètes et les Ossismes. Après avoir formé des » peuplades gauloises elles sont devenues des cités romaines, » et pendant cinq siècles, elles ont absolument conservé leur » nationalité pour nous servir d'une expression nouvelle qu'on » a quelquefois plus mal appliquée....... » Nous avons le regret de ne pas pouvoir adopter complètement l'avis de M. Bizeul : il y avait eu dans l'intervalle de notables changements dans la situation des six peuplades, et nous disons six car nous y comprenons les Diablintes que M. Bizeul rejetait dans le Maine; une des peuplades avait disparu, une autre avait surgi, le nombre était le même, mais la physionomie générale s'était modifiée. Voici, du reste, le texte même de la *Noticia Provinciarum*, on ne saurait trop répéter ces textes authentiques.

Provincia Lugdunensis Tertia

Metropolis civitas Turonum	*Tours.*
— Cenomannorum	*Le Mans.*
— Redonum	*Rennes.*
— Andicavorum	*Angers.*
— Namnetum	*Nantes.*
— Coriosopitum	»
— Venetum	*Vannes.*
— Ossismorum	»
— Diablintum	»

Sur les neuf civitates, six sont incontestables, et nous avons placé leur nom vis-à-vis : trois d'entre elles font partie de la presqu'île Armoricaine et leurs chefs-lieux sont Rennes, dont le nom remplace celui de Condate, Nantes, issu de *Portus Namnetum*, ville maritime de fondation romaine qui éclipsa de suite Condevicnum, et Vannes, dont le nom remplaça celui de Dariorigum, établissement probablement ancien, mais, qui ne devint chef-lieu que sous les Romains par suite de l'impossibilité de pratiquer des voies faciles au travers du golfe du Morbihan.

Restent trois noms au sujet desquels il y a matière à discussion : celui qui a soulevé le plus de débats est Coriosopitum. Pendant fort longtemps on a prétendu, et cela paraissait plausible, que ce nom était d'origine relativement récente et que ce n'était qu'une variante de Curiosolite introduite par les copistes du IXe au XIe siècle ; mais confondant ensemble Corisopites et Curiosolites, les uns voulaient absolument les placer à Quimper à cause de la tradition épiscopale ; les autres ne les voulaient qu'autour de Corseul à cause de l'établissement romain considérable qui porte ce nom. Aujourd'hui, la question est tranchée, grâce à l'importante découverte de M. Longnon qui a lu Coriosopite dans une copie presque contemporaine de l'époque qui nous occupe, puisqu'on peut lui appliquer la date de l'an 550. Il faut donc bien lire Coriosopite dans la Notitia, et si, au IXe siècle, des copistes purent écrire Curiosolites dans les variantes que l'on connaît, c'est que le souvenir des commentaires de César leur était présent à l'esprit, et qu'ils ne se doutaient point de la disparition de cette peuplade.

La question de Coriosopitum étant tranchée, celle d'Ossismorum l'est immédiatement; et par différence celle des Diablintum se résout d'elle-même à la suite, car il faut bien combler la lacune formée, à moins de supprimer les Curiosolites de César, comme voudrait le faire M. Le Men, et de reporter les Ossismiens jusqu'à la Rance, ce à quoi nous nous opposerons de toutes nos forces jusqu'à preuve palpable. Les textes et les inscriptions sont pour le moment notre sauvegarde.

Adrien de Valois dit quelque part, que, sous Valentinien ou sous Gratien, son fils, la ville des Diablintes, quelle qu'elle fût, disparut avec six autres du nombre des cités de la Gaule et que son territoire fut partagé entre les Etats voisins (1). Adrien de Valois, par mégarde, intervertit les rôles : ce furent les Curiosolites qui disparurent, et les Diablintes ou Dialetes qui les absorbèrent. Qu'on ne nous cite pas, comme preuve irréfragable, le fameux passage d'Eginhard où il est question des Curiosolites, car il ne précise rien, et c'est là qu'une faute de copistes ou un souvenir des commentaires de César pouvait le mieux s'appliquer : il est du IXe siècle; du reste, le voici ; « Nam cum Anglis et Saxonibus Britannia in» sula fuisset invasa, mox pars incolarum ejus mare trajiciens » in ultimis Galliæ finibus Venetorum et Curiosolitarum re» giones occupavit. » Il est impossible de rien conclure d'une manière absolue de ce passage auquel cependant MM. Geslin de Bourgogne et de Barthélemy attachent une grande importance, car les Bretons émigrés ayant abordé en Cornouaille et en Domnonée, ce passage pourrait aussi bien s'appliquer aux Coriosopites qu'aux Curiosolites.

(1) *Not. Gall.*, p. 301, col.

Donc, six civitates en Armorique au commencement du ve siècle, les Ossismiens, les Corisopites, les Venètes, les Diablintes, Diaulites ou Dialètes, les Rhedones et les Namnètes. Déterminons leurs limites, et cherchons leurs chefs-lieux.

1° Ossismiens. — Il n'y a aucune raison pour que les Ossismiens aient changé de limites territoriales : elles sont très-naturelles, les évêchés suivants les conservèrent, donc nous devons les maintenir telles que précédemment à l'époque de César. Quant au chef-lieu, vers l'an 409, la question devient délicate. Pour l'étudier, de même que pour faciliter l'étude des autres civitates, nous aurons besoin de la *Notitia Dignitatum*; citons-la de suite :

« *Sub dispositione Viri spectabilis Ducis Armoricani et Nervicani*, Tribinus cohortis primæ novæ Armoricæ, Grannona in littore saxonico,

Præfectus militum Carronensium, Blabia,
id. Maurorum, Venetorum, Venetis,
id. id. Osismiacorum, Osismiis,
id. Superventorum, Mannatias,
id. Martensium, Aleto,
id. Primæ Flaviæ, Constantia,
id. Ursariensium, Rothomago,
id. Dalinatarum, Abrincatis,
id. Grannonensium, Grannono,

. . . .

Præfectus Lœtorum Francorum, Redonas Lugdunensis secunda. »

Il y avait donc chez les Ossismiens, un *præfectus militum Maurorum* qui résidait dans une ville nommée Ossismii du nom même de la peuplade. Etait-ce l'antique Vorganium de l'Aber-Vrac'h, qui, à l'exemple de Condate et d'autres anciens chefs-lieux, avait changé son nom contre celui de la peuplade, ou bien l'emplacement du chef-lieu lui-même avait-il changé? Nous ne nous chargerons pas en l'absence de document positif de résoudre cette grave question : nous dirons seulement qu'il y avait alors sur le littoral du territoire Ossismien plusieurs villes importantes, et que les avis sont très-partagés sur le point de savoir laquelle était la capitale et laquelle devint le siége du premier évêché Ossismien, qui existait déjà vers cette époque. Il y eut du moins un évêque Ossismien au concile de Vannes, en 461 : les uns donnent la préférence à Brest, le Gesocribate de la carte de Peutinger, les autres à Coz-Yeaudet près de Lannion où l'on a voulu voir longtemps l'ancienne Lexovie, les autres à Saint-Pol-de-Léon où le siége épiscopal s'installa plus tard définitivement. Il y avait aussi le Portus Staliocanus, près du Conquet et de la baie de Porzliogan.... Vorganium existait peut-être encore, et nous montrerons plus loin que nous sommes disposé à placer à Coz-Yeaudet le *Mannatias* de la *Notitia Dignitatum.........* *Nous avouerons volontiers que nos préférences nous portent vers Brest* et qu'elles sont surtout dirigées là par la présence de constructions romaines dans les murs du château; mais, malgré les raisons très-spécieuses invoquées par MM. de Blois et Halléguen, nous ne nous déciderons pas catégoriquement : il est certain, en tous cas, qu'Ossisme fut la résidence du Præfectus Maurorum, et plus tard du Præfectus Regis Francorum, et aussi du premier évêque Ossismien, s'il ne fut pas simplement régionnaire sans résidence fixe, ce qui nous paraît beaucoup plus probable. Passons aux Corisopites.

2° Corisopites. — Il n'y a aucune raison pour ne pas fixer à la civitas gallo-romaine des Corisopites les limites naturelles et topographiques qu'eut plus tard l'évêché de Quimper, sauf le crochet bizarre du Nord-Est; nous les adopterons donc et nous dirons que les Corisopites étaient bornés au Nord par les montagnes d'Arrhée, au Sud et à l'Ouest par la rade de Brest et l'Océan, à l'Est par l'Ellée et les Montagnes-Noires. Tout porte à croire que le crochet formé par les cantons actuels de Mur, Gouarec et Corlay dans l'ancien évêché de Quimper fut pris sur le territoire Vannetais par une donation de quelque prince, car on ne se l'explique guère à la formation d'une civitas.

La fixation du chef-lieu des Corisopites nous embarrasse autant que celle d'*Ossismii* : plusieurs villes importantes se trouvaient sur leur territoire au commencement du ve siècle : *Keris*, établissement maritime à Douarnenez ; *Kerahès*, *Karès* ou *Caretum*, l'un des postes les plus considérables, centre du réseau des voies romaines, à Carhaix ; *Civitas Aquilonia*, où la commission de topographie des Gaules place le Vorgium de la carte de Peutinger, à Locmaria, aujourd'hui faubourg de Quimper ; *Vorgium* que beaucoup de conjectures plausibles conduisent à placer à Concarneau........ Nous nous contenterons comme plus haut *d'indiquer notre préférence pour une ville maritime, Keris (ou Douarnenez)* sans trancher définitivement la question : ajoutons que l'opinion des historiens qui veulent absolument placer à Quimper un premier évêque, saint Corentin, à résidence fixe, nous paraît peu fondée. En matière de fixation de chef-lieu, il ne faut pas s'appuyer sur les noms des siéges épiscopaux du ve ou du vi^{e} siècle. M. Halléguen a, selon nous, démontré que rien n'est moins certain que le lieu de résidence des évêques d'alors : aussi les appelle-t-on très-justement régionnaires. « Ne devrait-on pas plutôt dire, jusqu'à » l'époque de Nominoë, ajoute-t-il, évêques, comtes *en* Cornouailles, *en* Domnonée, que comtes ou évêques *de* Domnonée, *de* Cornouailles ? Tous les noms des catalogues » d'évêques, des listes de comtes, tiendraient-ils à l'aise jusqu'au ixe siècle dans notre seconde période historique ? Il » est au moins singulier de n'entendre parler que d'évêques » *de* Quimper, Saint-Pol, Tréguier, Saint-Brieuc, tandis que, » avant le ixe siècle, il n'y a vraiment que des évêques *de* » Cornouailles, Léon, Domnonée, ou mieux *dans les pays* » *appelés* plus tard Cornouailles, Léon, Tréguier, Dommonée. » Plusieurs évêques à siége incertain ou variable y ont existé » à la fois, témoin, dès les premiers temps, Corentin, Guénolé, » Ronan, Sané, etc., etc..... » Cela est vrai, du moins, pour les siéges du Nord et de l'Ouest de l'Armorique ; car, pour ceux du Sud, des évêchés fixes Gallo-Romains beaucoup plus anciens s'y succédèrent assez régulièrement.

Mais d'où venait ce nom de Corisopitum qui ne paraît pas au commencement de l'occupation romaine : ici, les avis sont très-partagés. Les uns veulent qu'il ait été importé de l'Ile de Bretagne par une colonie émigrée ; le nom de Coriosopitum existe, en effet, sur l'Itinéraire d'Antonin pour la Grande-Bretagne, et MM. de Blois et Le Men l'ont remarqué les premiers ; mais, si ce nom existait dans l'Ile, pourquoi une peuplade du continent ne l'aurait-elle pas aussi bien porté puisque la langue, et, par conséquent, les radicaux des appellations étaient les mêmes de part et d'autre ? La *Cornouaille* Armoricaine (Cornubia), est née de la force des choses et de la situation topographique du terrain, de même que la *Cornwall* bretonne, aussi Cornubia, postérieure d'un siècle ou deux à la nôtre, comme l'a parfaitement démontré M. Halléguen. Il a donc pu exister des Corisopites aussi bien dans l'Armorique que dans l'Ile, sans qu'il y ait eu pour cela besoin d'une émigration. M. Halléguen, qui veut absolument localiser le nom de Corisopitum à Quimper, voit dans ce mot la même signification que dans ceux de Kemper et Condate, villes situées à un confluent. On sait, en effet, que Quimperlé, Quimper-Guézennec et plusieurs autres Quimper sont situés à des confluents très-nettement indiqués ; il cite même un document, donnant « Corisopitum ad fluvium Ellam, » pour Quimperlé ; et dans sa brochure intitulée : *La Cornouaille et Corisopitum*, il dérive volontiers ce nom de *Corn Oppidum :* cependant la *Noticia* ne parle pas seulement de Corisopitum comme d'un nom de lieu : elle en fait une peuplade : *Civitas Corisopitum*. D'autres encore trouvent dans ce nom la décomposition Koris ou Keris oppidum, en sorte qu'on aurait donné à Quimper le nom même de Keris détruit... Tout cela est fort problématique, et nous ne croyons pas qu'on sache rien de positif sur l'étymologie de Coriosopite, pas plus que sur celle d'Ossismien ou de Curiosolite. Les grandes civitates avaient certainement des subdivisions « *pagi* » dont tous les noms, comme le remarque justement M. de Blois, ne sont pas parvenus jusqu'à nous : les Corisopites sont une de celles qui ont réussi à surnager au milieu du naufrage commun, parce qu'après la ruine des Venètes dont le territoire était trop étendu, ses habitants ont su se créer une autonomie distincte ; il ne faut pas en chercher plus loin la raison. Il y avait donc à la fin de l'empire une civitas Gallo-Romaine Corisopitensis, et, si après les grandes émigrations bretonnes ce nom disparut quelque temps dans episcopus cornubiensis, ou cornugallensis, il reparut plus tard et se maintint jusqu'à nos jours.

3° Venètes. — Les Venètes conservèrent leur ancien territoire diminué de celui des Corisopites détachés de la cité mère, ou plus exactement de celle qui les avait conquis et absorbés longtemps avant les Romains. Quoique fort maltraités, ils conservèrent le pays de Guérande, et si le nom de Samnite reparut quelquefois, ce ne fut que comme *pagus*, et non pas comme *civitas* : le pays de Guérande garda, en effet, longtemps le nom de Vénétie, comme le prouve M. de Kersabiec dans son intéressant chapitre, intitulé : *Gens Albina*. On n'avait pas suffisamment insisté avant lui sur cette parenté remarquable entre tous les Albinus des ve et vi[e] siècles, et les anciens Venètes : et nous y revenons à dessein. Le nom de Venètes ne dérive-t-il pas du celtique Gwen qui veut dire blanc (Vannes se dit encore en breton *Guened*) et le nom latin d'Albinus n'en est-il pas la traduction exacte? on sait que saint Aubin, un Albinus, est le patron de Guérande, et son panégyriste du xie siècle écrivait : « In Venetensi namque « territorio vicus quidam est in littore Oceani maris situs » quem Britannica lingua Gueran vocant ob plurimum com-« mercium salis, valde populosus.... » Nous n'insisterons pas davantage, et nous renvoyons le lecteur aux savantes dissertations philologiques de M. de Kersabiec sur l'étymologie de Guérande qu'on peut traduire aussi bien avec les Gaulois et les Bretons « Guen-rann » (blanc partage ou héritage, ville des blancs, ce qui reste des blancs), qu'avec les Romains « Guer ou Ker-Grann » (ville de Grannona), dérivée de Grannus, le Dieu des Saxons, pour justifier le *Grannona in littore Saxonico* de la *Notitia Dignitatum*.

Les Venètes avaient donc conservé le territoire Guérandais, dans lequel leur souvenir était si vivace qu'on l'appelait encore la Vénétie au IXe siècle, et leur influence y était si considérable par l'ancienne famille sénatoriale des Albinus, qu'on avait cantonné, pour les maintenir, une garnison saxonne sur la hauteur dominant la Motte-aux-Blancs actuelle, leur ancien Guéned ou Weneta, en un mot leur ancienne capitale. Outre Guérande (1) (*Grannona*) leurs autres villes principales étaient: l'ancienne *Dariorigum* que Ptolémée leur donne positivement pour capitale au IIe siècle et qui, au Ve siècle s'appelait *Veneti*, aujourd'hui Vannes (2); le *Sulim* de la carte de Peutinger, *la Blabia* de la *Notitia Dignitatum* et, sans doute, plusieurs autres dont on a perdu la trace; mais où placer Sulim et Blabia?

(1) Nous disons Guérande avec M. de Kersabiec, pour plus de clarté, mais il n'est pas certain que *Grannona in littore Saxonico*, ait existé sur le lieu précis où se trouve le Guérande actuel, et où l'on n'a jamais rencontré de débris romains. Nous croyons volontiers, avec un intrépide archéologue de ce pays, M. le lieutenant de vaisseau Martin, qu'il faut chercher Grannona, à quelques kilomètres seulement de Guérande, au lieu nommé *Clis*, où l'on rencontre, non seulement une immense quantité de débris romains, briques, marbres, murs, puits, etc., mais aussi des appellations dérivées de Grann, l'Appollon Saxon.

(2) Et qu'on ne dise pas avec M. Fouquet que Ptolémée s'est trompé, et que Dariorig, vraisemblablement Locmariaker, n'a jamais pu être la capitale des Venètes parce que la ville de Vannes s'appelle actuellement en breton *Guéned*, nom celtique qu'elle dut avoir à l'origine. A cela, nous répondrons que le nom actuel de Rennes n'est pas en breton *Condate*. On sait qu'à la fin de l'empire tous les chefs-lieux de civitates portant des noms gaulois ou celtiques furent débaptisés pour prendre le nom même de la peuplade, c'est ainsi que Condate s'appela *Redones*, que Gesocribate s'appela *Osismi* que Noiodunum s'appela *Dialetum*, enfin que Dariorigum s'appela *Veneti*, nom que les indigènes s'empressèrent de traduire exactement par Guéned. Si M. Fouquet avait connu l'ancienne vraie capitale, le Guéned ou Veneta de Guérande, ruinée par César, il n'aurait pas fait cette objection à Dariorig.

Des ruines romaines fort importantes ont été trouvées à *Locmariaker*, ruines qui dénotent une ville assez considérable, puisqu'elle possédait, dit-on, un cirque. M. de Kersabiec place Blabia à Blain, sans doute pour laisser quelque chose à la patrie de M. Bizeul; mais nous croyons que les garnisons du Tractus doivent être placées dans des villes maritimes ou du moins à proximité du littoral, et non pas à l'intérieur comme à Blain : Locmariaker conviendrait assez bien à cette situation, si l'on admet que l'ordre de la *Notitia Dignitatum* est un ordre rationnel, et que, partant de Guérande, l'auteur de ce document fait le tour de la presqu'île, ce qui semble assez naturel par la situation de la plupart des noms certainement connus : or, il place Blabia avant Veneti; mais l'ancien *Blavet*, notre Port-Louis actuel, a tant de ressemblance avec Blabia (1) que nous y placerons plus volontiers la garnison des Carronenses qu'à Locmariaker qui serait alors le *Vindana Portus* de Ptolémée.

Quant à l'emplacement de *Sulim*, il ne peut être donné qu'en appliquant scrupuleusement la distance indiquée par l'itinéraire d'Antonin et la carte de Peutinger; Sulim dit : cet itinéraire était situé à vingt lieues gauloises à l'Ouest de Vannes (Dariorigum) : en traçant un arc de cercle de ce rayon autour de Vannes, comme centre, nous trouvons sur cet arc, trois points qui ont possédé des établissements romains. Port-

(1) Nous avons hésité longtemps avant de nous rendre à cette analogie de noms. — Quant à placer Blabia à Blaye, aussi à cause du nom et parce que Caronnenses se rapproche de Garonnenses, c'est faire un écart un peu violent, puisque la notice comprend Blabia dans les stations armoricaines du Nord de la Loire. — Ce qui nous a fait adopter Blabia-Blavet, c'est qu'une voie romaine conduit d'Hennebont à Port-Louis (voir Chap. III), et que dans tous les environs on rencontre beaucoup de débris et de substructions remontant à l'époque Gallo-Romaine, aussi bien sur la rive gauche que sur la rive droite du Blavet. Les *Locmaria*, dit M. Augustin dans ses *Etudes sur la Vénétie Armoricaine*, attestent le séjour des légions romaines converties, en garnison sur notre littoral : Locmariaker pourrait donc réclamer le siége de la garnison, mais Port-Louis est flanqué de deux Locmaria, l'un en Nostang, l'autre en Guidel ... M. Augustin a retrouvé beaucoup de traces des Romains dans Guidel.

Louis, Hennebont et Castennec, ils sont tous trois sur le Blavet; lorsque nous discuterons plus loin le tracé des voies romaines, nous montrerons que la position la plus vraisemblable pour Sulim est Hennebont.

4° Namnètes. — Il n'y a pas de raison pour que les limites de la civitas des Namnètes aient changé pendant l'occupation romaine, nous conserverons donc les mêmes délimitations; mais en revanche le chef-lieu se déplacera et nous trouvons, au commencement du ve siècle sur le territoire Namnète, deux centres gallo-romains beaucoup plus importants que ne l'était alors l'ancien chef-lieu Candé-sur-Erdre. Ce sont Blain, dont nous ne retrouvons pas le nom romain, et Nantes jadis appelé *Portus Namnetum*. Cette dernière ville était devenue l'un des principaux établissements de l'empire dans les Gaules, et les débris gallo-romains qu'on rencontre chaque jour sur son sol attestent le développement considérable de ce port, situé à la pointe du confluent de l'Erdre et de la Loire, du côté de l'Est; saint Clair y prêcha l'évangile dès la fin du premier siècle, et, sous Dioclétien, les illustres martyrs qu'on appelle encore à Nantes les *Enfants-Nantais* y versèrent leur sang pour la foi. Nantes était devenu certainement le chef-lieu du pays des Namnètes.

Quant à Blain, magré les efforts de M. Bizeul pour en faire une ville gallo-romaine considérable, nous ne pouvons consentir à y reconnaître qu'une *mansio* ou un *castellum* au point de croisement de trois ou quatre voies sur le plateau central: nous y reviendrons bientôt, en traitant plus à fond du réseau des voies romaines.

5° Rhedones. — La *civitas* des Rhedones est celle qui subit le moins de changement pendant l'occupation romaine : non-seulement ses limites restèrent les mêmes; mais aucune nouvelle ville ne s'établit sur son territoire; le nom seul de

Condate se transforma pour devenir celui de la *civitas Redonum*, d'où vient le *Rennes* d'aujourd'hui.

6° Diablintes. — Ainsi que nous l'avons dit, le territoire des Diablintes s'accrut, pendant le IVe siècle, de celui des Curiosolites dont la capitale fut probablement détruite par une irruption de pirates saxons. Corseul ne fut pas relevé ; mais, sur ce territoire considérable, triangle borné à l'Ouest par le Leff et l'Oust, au Nord par l'Océan, à l'Est, par la Vilaine, le Meu et le Couesnon, plusieurs villes maritimes s'établirent en dehors d'Alet, qui resta le chef lieu, et qui se trouvait en 401, d'après la *Notitia Dignitatum*, le siége d'une garnison de soldats de Mars, *Martensium*. Or, une voie signalée par l'itinéraire d'Antonin se rendait de Tours (Cœsarodunum) à Reginea en passant par Condate et *Fanum Martis*. La ligne de Tours à Condate prolongée indique que Fanum Martis doit se trouver chez les Diablintes, et les ruines romaines importantes du bourg d'Erquy au haut de la baie de Saint-Brieuc conduisent à penser que *Reginea* se trouvait située sur l'emplacement de ce petit port, qui correspond fort bien à la direction générale. Nous allons traiter cette question plus à fond, en étudiant le réseau des voies romaines.

---

§ 2. — *Réseau des voies romaines dans la presqu'île Armoricaine.*

I

RÉSEAU GÉNÉRAL

Les archéologues qui, jusqu'à présent, se sont occupés d'étudier le réseau des voies romaines dans la presqu'île armoricaine l'ont fait surtout au point de vue analytique; ils ont considéré séparément chacun des centres d'agglomération considérable ou ce qu'ils ont cru tel, et ont cherché à grouper autour de chacun de ces centres une sorte d'étoile de voies romaines, en lui donnant le plus de branches possibles et sans se préoccuper de l'ensemble général. M. Bizeul avait cependant jeté des bases sérieuses d'une étude générale du réseau, mais il sortit ensuite de la méthode synthétique en le rapportant presque tout entier à cinq centres principaux, Blain, Rennes, Vannes, Corseul et Carhaix, selon la méthode analytique et convergente.

Nous croyons devoir suivre une marche toute différente : les travaux de MM. de la Monneraye, Cayot-Delandre, Bizeul, de Courcy, de Blois, Halléguen, Toulmouche, Geslin de Bourgogne, Gaultier du Mottay, Desmars, de Closmadeuc, Fouquet, Foulon etc., etc...., ont fait déjà suffisamment connaître les détails de parcours de nos voies principales, et nous ne trouverons que peu de lacunes à combler dans l'ensemble de leurs recherches, encore moins de voies nouvelles à signaler, quoiqu'il y en ait une fort importante qu'on nous semble avoir oubliée : nous n'étudierons pas non plus ici le mode de construction de ces voies; M. Gaultier du Mottay, dans le meilleur ouvrage qui ait encore été publié sur les voies romaines de notre pays (voies du département des Côtes-du-Nord), a donné sur ce sujet tous les renseignements désirables et nous nous contenterons, en qualité d'Ingénieur des ponts et chaussées de l'époque moderne, d'exprimer hautement notre admiration pour le génie constructeur des Romains devant l'étendue et la perfection de leur réseau, devant leurs moyens puissants d'exécution, pour n'avoir pas hésité à construire des chaussées bétonnées dans un pays où le calcaire et, par conséquent, la chaux est à l'état embryonnaire. Ce que nous voulons tenter ici, c'est un essai de synthèse rationnel du réseau des voies romaines dans la presqu'île, tel qu'il dût être conçu par les conquérants. Pour cela, nous diviserons le réseau des voies romaines en trois catégories principales, qui correspondent assez bien aux trois grandes catégories qui divisent nos routes actuelles, en nationales, départementales et vicinales. Cette division, du reste, n'est pas arbitraire, car Horatius Siculus Flaccus, qui écrivait sous Domitien, c'est-à-dire vers la fin du Ier siècle disait : « Viarum omnium non est una et eadem conditio. Nam sunt viæ publicæ, regales, quæ publice muniuntur : sunt et vicinales viæ quæ de publicis divertunt in agros : hæ muniuntur per agros...... » Trois siècles après, le réseau s'était accru encore dans bien d'autres proportions.

La première catégorie comprendra les voies stratégiques proprement dites, celles que les Romains appelaient *viæ militares* ou *consulares* : elles correspondent à nos routes nationales, et furent pourvues, dès l'origine, de stations de relais *(mutationes)* et de séjour *(mansiones)*. En dehors des mules et des autres bêtes de somme, (dit l'auteur de la *Notice historique* récemment publiée par le ministère des travaux publics en tête des documents statistiques sur les routes et ponts), vingt chevaux dans chaque mutation, et quarante chevaux dans chaque mansion devaient être constamment à la disposition des commissaires impériaux et courriers, au moyen desquels les communications étaient rendues permanentes entre la métropole et les diverses villes, siéges d'administrations locales. Les mansions devaient en outre être pourvues de vivres et d'approvisionnements en quantité suffisante afin de pourvoir au séjour somptueux que pouvaient y faire les hauts fonctionnaires de l'empire et leur suite...... Ces explications étaient nécessaires pour rendre compte du nombre considérable de ruines romaines assez importantes qu'on rencontre le long de nos voies romaines. Les mutations étaient, en général, espacées de douze à vingt kilomètres, et les mansions de cinquante à cent kilomètres.

La seconde catégorie comprendra les voies destinées à relier les points importants des différentes *civitates* voisines et correspond assez bien à nos routes départementales : sur ces routes les *mutationes* et les *mansiones* n'étaient pas aussi nécessaires, car elles croisaient les routes stratégiques en des points où l'on avait soin d'en ménager.

Enfin, la troisième catégorie, *viæ vicinales*, était destinée à faire communiquer les points divers de territoire aux routes des deux premières catégories, ou simplement à desservir des intérêts agricoles.

Partant de cette division, qu'on ne peut accuser d'arbitraire, il devient très facile de classer les voies romaines de la presqu'île ; et pour introduire plus d'ordre dans notre description, nous donnerons aux différentes routes des numéros, comme on le fait aujourd'hui, en les désignant de plus par leurs points de départ et d'arrivée. Voici d'abord la nomenclature complète du réseau : nous donnerons ensuite quelques détails sur le tracé de chacune et sur les travaux divers qui leur ont été consacrés.

1° *Routes stratégiques ou militaires* (1).

Pour les déterminer, il faut considérer surtout les relations du centre de la Gaule et de la métropole, Tours, avec l'extrémité de la presqu'île; puis le chemin le plus court de la capitale de l'empire à la presqu'île, et les nécessités de défense stratégiques de la côte. Cela nous amène à nommer les voies suivantes :

ROUTE N° 1, de *Nantes à Vorganium*, avec embranchement sur *Keris* (Douarnenez), et sur *Gesocribate-Ossismi* (Brest) prolongé jusqu'à *Portus Staliocanus*. Cette route a dû être la première construite dans la presqu'île, et c'est elle qui figure sur la Table Théodosienne ou carte de Peutinger, venant de l'Aquitaine; route la plus courte de Marseille à l'extrémité de la presqu'île, elle traversait la Loire aux ponts de Nantes et pas-

(1) Routes de première catégorie. (Voir la carte N° 2.) Elles sont marquées en [illegible] sur la carte.

sait par *Dariorigum* (Vannes), *Sulim* (Hennebont) et *Vorgium* (Concarneau); la carte de Peutinger la termine à Gesocribate.

Route N° 2, de *Tours à Reginea*, vers le Nord de la côte, avec embranchement sur *Alet*. C'est la seconde route armoricaine figurant sur la carte de Peutinger : de Tours (*Cæsarodunum*), elle arrivait à *Condate* (Rennes) d'où elle se dirigeait sur *Fanum-Martis*, temple situé à une demi-lieue de Corseul, puis atteignait Erquy (*Reginea*).

Route N° 3, de *Tours à Vorganium* par Angers, Blain, Carhaix et Lesneven, avec embranchement sur *Dariorigum* (Vannes) et sur Landerneau (pour Brest).

Route N° 4, route du centre, du *Mans à Camaret*, par Rennes, Carhaix et Châteaulin.

Route N° 5, de *Cherbourg* à *Vorganium* et *Portus Staliocanus*, route littorale du Nord, par Avranches (*Ingena*), Corseul, Lamballe, le fond de la baie de Saint-Brieuc près d'Yffiniac, la Roche-Derrien, Coz-Yeaudet, Morlaix, avec embranchement sur Landerneau, pour Ossismi-Brest.

Route N° 6, de *Lizieux à Locmariaker*, par Fougères, Rennes et Vannes.

Route N° 7, de *Tours à Grannona* (Clis-Guérande), route de la Loire, jusqu'à la pointe de Piriac.

Route N° 8, de *Nantes à Cherbourg*, par Blain, Rennes et Avranches (en partie mentionnée dans l'itinéraire d'Antonin, sous le nom de Condate à Cosedia).

2° *Routes de seconde catégorie de civitas à civitas* (1).

Il est naturel qu'elles soient presque toutes transversales.

Route N9, d'*Alet à Clis-Guérande*, (Grannona), par Dinan, Saint-Méen, Guer et Duretie, avec embranchement sur Rieux.

(1) Elles sont indiquées en bleu sur la carte.

Route N° 10, d'*Alet à Vannes*, par Corseul et la Trinité-Porhoët.

Route N° 11, d'*Alet à la pointe du Raz*, par Yffiniac, Quintin, Carhaix et Douarnenez. (C'est celle qui, dans les Côtes-du-Nord, s'appelle *Chemin-Noë*).

Route N° 12 de *Perros* (ou Coz-Yeaudet) à *Vorgium* (Concarneau) et à *Civitas Aquilonia* (Quimper), par Carhaix.

Route N° 13, de *Morlaix à Penmarc'h*, par La Feuillée, Civitas Aquilonia et Pont-l'Abbé.

Route N° 14, de *Coz-Yeaudet à Nantes*, par la Roche-Derrien, Guingamp, Lanfains, la Trinité et Rieux. Nous croyons être le premier à la signaler : elle est, selon nous, indispensable au réseau, et nous l'avons suffisamment jalonnée.

Route N° 15 de *Coz-Yeaudet à Angers*, s'embranchant sur la précédente au-dessous de Ploërmel, et se dirigeant sur Angers, par Guer, Bain, Châteaubriant et Candé.

Route N° 16, de *Corseul à Jublains*, par Combourg Vieux-Vy et Vandel.

Route N° 17, du *Mans à l'embouchure de la Loire*, par Châteaubriant et Blain, venant aboutir au port actuel de Lanvau.

Route N° 18, de *Duretie à Angers*, par Blain et Candé.

Route N° 19, de *Morlaix à Sulim* (Hennebont) et *Vannes* par Carhaix.

3° *Routes de troisième catégorie* « Viæ vicinales » (1).

Nous n'indiquons ici que celles qui se peuvent facilement reconnaître, mais nous sommes convaincus qu'il en existe beaucoup d'autres.

Route N° 20. De Nantes à Châteaubriant, par Nort.
— 21. De Rennes au Mont-Saint-Michel.
— 22. De Vannes à Port-Navalo.
— 23. De Vannes au Port-Louis.

(1) Elles sont indiquées en sépia sur la carte.

ROUTE N° 24. De Carhaix à Plougrescant et Penvenan.
— 25. De Roscoff à Quimper avec embranchement sur Morlaix.
— 26. De Vorganium à Portus Staliocanus, avec embranchement sur les petits ports de la côte.
— 27. De Carhaix à la pointe de Dinan.
— 28. De Douarnenez (Keris) à Landevenec.
— 29. De Douarnenez (Keris) à Camaret, le Fret et Keromen.
— 30. De Châteaulin à Audierne, par Cast, Plounevez-Porsay et Douarnenez.
— 31. De Pont-l'Abbé à la pointe du Raz.
— 32. De la pointe du Raz à Sulim (Hennebont), par Civitas Aquilonia (Locmaria de Quimper).
— 33. De Civitas Aquilonia à Benodet (rive gauche de l'Odet).
— 34. De Carhaix à Quimperlé.
— 35. De Carhaix à Douarnenez par Saint-Gouazec.
— 36. De Carhaix à Briec par Roudouallec et Scaër.
— 37. Du Faou à Trefflez par Landerneau et Kerilien avec embranchement sur Roche-Maurice.
— 38. De Landerneau à Portus Staliocanus avec embranchements sur Porzmoguer et Saint-Pabu.
— 39. Jonction des routes de première catégorie, n°s 3 et 6, entre le Moustoir et Sérent.
— 40. De Quintin à Morlaix.
— 41. De Morlaix à Yffiniac.
42. De Coz-Yeaudet à Erquy, par le bord de la côte.
— 43. D'Alet à Avranches.
— 44. De Reginea à Vannes avec embranchement sur Carhaix (à la rigueur du 2me réseau).

Telle est, selon nous, la seule manière rationnelle de pouvoir se rendre un compte exact du réseau des voies romaines dans la presqu'île armoricaine proprement dite. Entrons maintenant dans le détail de chacune d'elles.

II

ROUTES DE PREMIÈRE CATÉGORIE

Route N° 1

Route de Nantes à Vorganium avec embranchement sur Keris (Douarnenez), et sur Gesocribate-Ossismi (Brest) prolongée jusqu'à Portus-Staliocanus.

Cette route est ainsi décrite au Nord de la Loire par la carte de Peutinger : « *Portus Namnetum*. XXIX *Duretia*. XX *Dariorigum*. XX *Sulim*. XXIV *Vorgium*. XLV *Gesocribate*. » Sur ce tracé deux points sont rigoureusement certains : Portus Namnetum (Nantes), et Dariorigum (Vannes), et la distance totale de ces deux points XXIX + XX lieues gauloises donne en chiffre rond cent huit kilomètres, ce qui correspond assez bien à la distance, comptée sur la route de poste actuelle, laquelle est de cent sept kilomètres. Duretie ou Durerie doit donc se trouver dans les environs de la Roche-Bernard. Un calcul analogue nous permettra de placer assez exactement Sulim à Hennebont, Vorgium, à Concarneau, et Gesocribate à Brest. Cette route a dû être la première exécutée après la conquête : elle partait du point le plus directement accessible par l'Aquitaine et quoique la table de Peutinger la termine à Brest, nous pensons qu'elle se prolongeait inévitablement, d'un côté jusqu'à Vorganium, de l'autre jusqu'à Portus Staliocanus. Si la carte de Peutinger n'indique pas ces prolongements, c'est qu'au IVe siècle, lorsque les tables Théodosiennes furent composées, Brest était devenu le point important du pays, probablement *Osismi*, le nouveau chef-lieu de la cité, la résidence de la garnison des Maures Ossismiens : Vorganium était déchu, et Portus Staliocanus n'avait pas l'importance de Brest; mais, avant la complète décadence de Vorganium, pendant le premier et le deuxième siècles de l'occupation, une voie stratégique a, certainement, existé jusqu'au chef-lieu des Ossismiens à l'Aber-Vrac'h, de même que la voie de Brest devait se continuer jusqu'à l'extrémité du littoral.

Étudions la voie complète par sections. De Nantes à Vannes, il y a un point difficile à franchir, c'est le passage de la Vilaine : pendant longtemps on n'a pas connu le point précis du passage et généralement on le plaçait à la Roche-Bernard, point qui se trouve admis dans la carte de la Commission de topographie des Gaules. M. de Closmadeuc a montré dans un mémoire fort précis, inséré en 1866 dans le bulletin de la Société polymathique du Morbihan qu'un double passage existait au Gué de l'Isle et à Noy, à quelques cents mètres de distance l'un de l'autre, entre les communes d'Arzal et de Férel, au point qu'avait jadis indiqué le président de Robien, à quatre kilomètres en aval de la Roche-Bernard : ce point nous paraît donc acquis. Quant à l'étymologie de la station de Duretia, que M. de Closmadeuc lit *Dureria*, et qu'il dérive de Dour-Herios, ce qui serait exact si la Vilaine était bien le *fluvius Herius* de Ptolémée, nous ne nous prononcerons pas sur une question si délicate, car M. Le Men vient d'avancer, non sans quelque raison, que le *fluvius Herius* pourrait bien être l'Aulne, qui s'appelle encore l'*Hierre* dans le haut de son cours.

Quoiqu'il en soit, la première section de la voie s'étendait bien de Nantes au Gué de l'Ile. On admet généralement que depuis Nantes la voie suivait la route nationale actuelle, jusqu'un peu au-delà de Pontchâteau, et qu'elle s'en détachait près de l'auberge de Bellevue, à partir duquel point, M. de Closmadeuc l'a décrite fort exactement jusqu'à la Vilaine. M. Bizeul ne retrouvant pas sa trace sur la route actuelle avait même prétendu que cette voie n'existait point, et que la route de Nantes à Dariorigum passait par Blain et Rieux qu'il appelait *Duretie* : il existe, en effet, une voie passant par ces points;

mais elle n'est point directe, elle est composée de plusieurs tronçons très-disparates et les distances ne concordent en aucune façon avec celles de la carte de Peutinger : le parti pris de tout rapporter à Blain dans cette région a pu seul égarer ainsi M. Bizeul. Pour notre compte, nous pensons que la voie ne suivait pas exactement de Nantes à Bellevue la route nationale actuelle. M. Desmars, croyons-nous, est aussi de cette opinion; mais il n'a pas encore publié son tracé : nous nous réservons de donner un mémoire spécial pour celui que nous avons cru reconnaître. A première vue, la route actuelle nous a paru s'éloigner un peu trop de la crête du sillon de Bretagne qui domine tout le pays des Brières : de plus, on rencontre très-peu de noms romains sur son parcours (une seule fois le Châtellier), tandis qu'en se rapprochant davantage du sillon, on rencontre un grand nombre de villages qui doivent incontestablement leur nom à des établissements remontant au-delà du moyen-âge. Nous pensons que la voie passait par la Haie-Eder en Missilliac, la Chaussée en Crossac, la Chaussée en Saint-Etienne-de-Mont-Luc, les Haies en Couëron, etc., pour arriver à Nantes, par le point qu'on appelle encore le Pont de César sur la Géline, ou se raccorder avec la route actuelle vers le camp de Sautron.

De Duretie à Vannes, la route a été trop bien décrite par MM. Bizeul et Cayot-Delandre pour qu'il soit nécessaire de revenir sur ce tracé, qui passait près de Noyal-Muzillac, Surzur et Noyalo. On sait que sur son parcours on a trouvé une borne milliaire dite *de Lescorno*, dédiée à Victorinus et conservée au musée de Vannes.

A partir de Vannes, la voie se dirigeait, comme nous l'avons dit, sur Hennebont, qui doit être le *Sulim* de la carte de Peutinger. Pendant longtemps, confondant Vorgium et Vorganium, et croyant que Vorganium était Carhaix, on a soutenu qu'il fallait au contraire prendre la direction fort contournée de Plaudren et Saint-Nicodème pour arriver à Carhaix; et l'on trouvait au passage du Blavet, en face de Saint-Nicolas-des-Eaux, au village de Castennec, quelques ruines romaines qu'on décorait du nom de Sulim : c'est de là que vient la Vénus de Quinipily. Mais comment ne remarque-t-on pas que ce n'est point une voie directe de Vannes à Carhaix et qu'elle se compose de deux tronçons tellement distincts qu'ils se coupent à angle presque droit près de Plaudren ? Or, il y a eu bien certainement une voie directe de Vannes à Carhaix par Hennebont et l'abbaye de Langonnet, c'est notre N° 19. Nous sommes donc amené de toute façon à placer Sulim à Hennebont : les distances conviennent parfaitement. La carte de Peutinger marque XX lieues gauloises, ce qui correspond à quarante-quatre kilomètres et demi : or, la distance réelle est de quarante-six kilomètres par la route de poste qui passe par Auray, et à vol d'oiseau de quarante-un kilomètres. Suivant la description détaillée donnée par Cayot-Delandre, de Vannes à Landévant la voie était plus directe que la route actuelle; elle évitait Auray et passant près du bourg actuel de Sainte-Anne, atteignait Landévant sous Brech et Landaul. De Landévant, un embranchement se dirigeait sur Port-Louis-Blavet, (Vindana portus ou Blabia?) par Nostang et Sainte-Hélène, et la voie principale atteignait Hennebont probablement sous la route actuelle.

A partir d'Hennebont (Sulim) quelques archéologues, avec M. Halléguen et la Commission de topographie des Gaules, dirigent la voie sur Quimper, qu'ils appellent *Vorgium*, par Pont-Scorff, Quimperlé, et la route actuelle de Bannalec à Rosporden; mais les distances de la carte de Peutinger ne s'appliquent plus, car elle marque XXIV lieues gauloises, c'est-à-dire cinquante-trois kilomètres de Sulim à Vorgium, et il y en a soixante-dix d'Hennebont à Quimper. Nous préférons suivre l'avis de Walckenaër et de M. Le Men, qui rapprochent la voie de la côte, acceptent le tracé d'Hennebont à Quimperlé par Pont-Scorff, mais s'en détachent à Quimperlé pour arriver par Pont-Aven à *Concarneau* où l'on placerait *Vorgium* : la distance est alors à très-peu près maintenue, car il y a cinquante-un kilomètres d'Hennebont à Concarneau.

Au Congrès de Quimper de 1847, M. de Blois avait décrit

ce tronçon sous le nom de voie de Quimper à Quimperlé, et des notes de M. Flagelle, de Landerneau, nous permettent d'en déterminer exactement la direction entre Quimperlé et Pont-Aven, par la chapelle de la Madeleine en Hellac, le moulin de Bazoin en Riec, Kernaviner, Pont-Douar et Sainte-Marguerite. De Pont-Aven à Concarneau, la voie devait suivre à très-peu près la route actuelle.

De Concarneau (*Vorgium*) la voie remontait à Quimper (*Civitas aquilonia*) par Ergué-Armel, et à partir de ce point, nous acceptons jusqu'à Brest, la description générale de M. Halléguen par Quéméneven, Cast, Châteaulin, Saint-Ségal, Le Faou, Landerneau (1), Saint-Divy et Guipavas. Notons ici, en passant, qu'il n'y a aucun inconvénient, comme paraît le craindre M. Halléguen, à identifier à la fois, à Brest, Gesocribate et Ossismi. C'est ainsi que Dariorigum est devenu Veneti, et Condate, Redones.

Pour atteindre *Portus staliocanus*, (Porzliogan, près Le Conquet), la voie partait-elle directement de Brest (Gesocribate-Ossismi) ou se détachait-elle de la voie principale vers Guipavas pour atteindre le *Promontorium Gobæum* (cap Saint-Mathieu) par Lambezellec? La première solution est plus probable; M. de Courcy la signalait déjà au Congrès de Quimper en 1847. Ce qu'il y a de certain, c'est que M. Flagelle, qui a exploré avec beaucoup de soin ces contrées, nous signale une voie dans chacune de ces directions : l'une allant de Brest au Conquet, par Saint-Pierre Quilbignon, l'autre se dirigeant de Saint-Divy sur le Conquet, avec un embranchement sur Porz-Moguer. Nous avons indiqué la première en pointillé rouge, et nous avons rejeté la seconde au troisième réseau (route N° 38 de Landerneau à Portus Staliocanus, par la forêt.

(1) Entre le Faou et Landerneau, M. Flagelle nous signale deux directions, l'une très-directe par Irvillac et Saint-Urbain; l'autre en arc par l'Hôpital-Camfrout, Daoulas et Dirinon. Cette dernière appartient vraisemblablement au troisième réseau. (Voir route N. 37 du Faou à Treflez par Landerneau et Kérilien.

Quant au prolongement de voie qui devait aller de Landerneau à l'Aber-Vrac'h (Vorganium), par le Drennec, il nous est impossible de le mettre en doute un seul instant; mais nous n'en connaissons pas de description détaillée. D'après les notes de M. Flagelle, il passait au sud de Locbrévalaire, au nord de Lannilis et se terminait à la pointe de Sainte-Marguerite en Landéda, un peu à l'ouest de l'abbaye des Anges à l'Aber-Vrac'h; mais il devait y avoir un petit embranchement de Locbrévalaire à Kernilis pour rejoindre la grande voie de l'autre rive.

L'embranchement de Civitas Aquilonia à Keris (Douarnenez) est fort connu : il a été décrit plusieurs fois par MM. de Blois et Halléguen. Il suivait à très-peu près la route actuelle de Quimper à Douarnenez, par Ploneïs et Ploaré.

Route N° 2.

De Tours à Reginea, vers le Nord de la côte avec embranchement sur Alet.

Elle est ainsi mentionnée sur la carte de Peutinger : « *Cæsarodunum* (Tours) XXVIII. *Robrica* (Longué dans le Maine-et-Loire?) XVII. *Juliomagum* (Angers) XVI. *Combaristum* (Combrée? Maine-et-Loire) XVI. *Sipia* XVI. *Condate* XXV. *Fanum Martis* XIIII. *Reginea.* »

Nous n'avons pas à nous occuper de la portion de voie en dehors de notre presqu'île : mais il y a sur sa direction deux points fixes, au sujet desquels on ne peut soulever de contestation : ce sont Juliomagum et Condate, Angers et Rennes. La voie arrivait donc à Rennes dans la direction d'Angers. M. Toulmouche a décrit cette voie dans son ouvrage sur Rennes à l'époque gallo-romaine : et quoique ses conclusions aient été vigoureusement combattues par M. Marteville, on peut admettre ses directions générales. On est généralement d'accord pour placer *Sipia* à Visseiche, bourg situé en effet à trente-quatre kilomètres de Rennes. La voie passait par Châteaugiron, Piré, La Guerche et Craon.

De Rennes, la voie atteignait *Fanum Martis* en XXV lieues gauloises, c'est-à-dire en cinquante-six kilomètres. Après les fouilles si intéressantes faites au monument du Haut-Bécherel, près Corseul, par M. le président Fornier, fouilles qui lui ont valu une médaille d'or de la part de la Société d'Emulation des Côtes-du-Nord, il n'y a plus à douter que le monument du Haut-Bécherel ne soit le temple de Mars, le *Fanum Martis* consacré par la légion de Martensium cantonnée à Alet; au reste, les distances correspondent exactement, car il y a précisément de cinquante-cinq à cinquante-six kilomètres de Rennes à Corseul, en suivant la voie minutieusement décrite par M. Gaultier du Mottay dans son travail sur les voies romaines des Côtes-du-Nord. Il ne peut y avoir d'hésitation que pour les abords de Condate, entre Rennes et Gevezé: là, les traces sont perdues, et les uns font passer la voie par Pacé, les autres par la route actuelle : nous préférons la route actuelle.

A partir de *Fanum Martis*, la route atteignait *Reginea* en XIII lieues gauloises, soit de vingt-huit à vingt-neuf kilomètres: une seule situation peut convenir à Reginea, tête de ligne dans cette direction ; c'est Erquy, où l'on a trouvé quantité de débris romains. La description de M. Gaultier du Mottay dans toute cette partie est fort bien faite, et ne laisse plus rien à glaner.

Il en est de même de sa description de l'embranchement d'Alet, qui, se détachant à Lehon, remontait la rive droite de la Rance par Pleudihen, Châteauneuf en Bretagne et Saint-Jouan-des-Guérets.

Route N° 3.

De Tours à Vorganium, par Angers, Blain, Carhaix et Lesneven, avec embranchement sur Dariorigum, et sur Landerneau pour Brest.

Les routes n°s 1 et 2, que nous venons de décrire, sont les seules qui figurent dans la presqu'île sur la carte de Peutinger : tout ce qui suivra désormais est donc uniquement dérivé de la méthode rationnelle que nous avons cru devoir adopter pour la classification des voies romaines.

D'Angers à Vannes, cette route est composée de deux sections que M. Bizeul a minutieusement décrites en appelant la première, voie de Blain à Angers, et la seconde, voie de Blain à Vannes (ou plutôt de Nantes à Vannes par Blain). La description de la section d'Angers à Blain a paru dans les Mémoires de la Société académique de Nantes en 1844, et celle de Blain à Vannes, par le passage de la Vilaine à Rieux, dans l'Annuaire du Morbihan de 1841. Il n'y a rien à ajouter à ces descriptions : lorsque M. Bizeul s'est trompé, il ne l'a fait qu'en matière d'attribution. La voie allait donc d'Angers à Vannes par Candé, l'ancien chef-lieu des Namnètes, Saint-Mars-la-Jaille, Bonnœuvre, la Chaussée et le Pas au Chevreuil en la Meilleraye, la Haye de Tilly, la Censive et le Souchay en Saffré, le grand chemin en Puceul, — Blain — le Sud de la forêt du Gâvre, la Haie Cochard en Plessé,....... empruntait pendant plusieurs lieues *la route nationale actuelle d'Angers à Brest*, passait la Vilaine sous Rieux et suivait dans une grande partie de son parcours la route départementale actuelle de Vannes à Redon. C'est sur son trajet que se trouvait près d'Elven, la fameuse borne milliaire de saint Christophe, si heureusement déchiffrée, il y a deux ou trois ans, par M. le commandant Mowat.

Ici, nous signalerons une lacune aux explorateurs des voies romaines des environs de Vannes : l'idée fixe de ne chercher que des voies rayonnantes autour de certains centres de population a empêché de remarquer jusqu'ici que le tracé de Rieux à Elven, devait se lier indubitablement avec celui du Moustoir à Carhaix, si malheureusement nommé route de Vannes à Carhaix, ou route de Carhaix à Rennes : dans un tracé de réseau, il faut s'attacher surtout aux directions non brisées : or, il suffit de reporter exactement sur une carte les deux sections de Blain à Larré vers Elven, et de Coz-Ilis (ou le Moustoir) à Carhaix pour être frappé de leur concordance de direction. Il est évident pour nous que le tronçon de Carhaix au Moustoir a dû se relier à celui de Larré à Redon, comme il s'est relié à Sérent à la route directe de Vannes à Rennes; mais la liaison qui nous occupe était beaucoup plus importante, car elle devait former la voie principale. Nous demandons instamment aux explorateurs vannetais de chercher un tronçon de voie passant par Plaudren, Monterblanc, Elven et Larré : la tour d'Elven n'en doit pas être éloignée. Nous l'avons tracé en pointillé sur notre carte.

Du Moustoir, ou plus exactement de Coz-ilis à Carhaix, la voie passant le Blavet à Castennec, au point dont nous avons parlé plus haut, est parfaitement connue : c'est une de nos voies classiques les plus anciennement décrites, et nous n'avons pas à revenir sur sa description qu'on trouvera complète dans Bizeul (des voies sortant de Carhaix) et dans Cayot-Delandre.

Il en est de même de Carhaix à l'Aber-Vrac'h par le Huelgoat, La Feuillée, Loc-Eguiner (récemment érigé en commune), Lanpaul, Landivisiau, Bodilis, Kérilien en Plouneventer (l'*Occismor*, de M. de Kerdanet), Saint-Méen, Le Folgoët et Kernilis; les travaux de MM. de Courcy, de Kerdanet et Bizeul l'ont assez fait connaître, et M. Le Men, dans son troisième article sur *Vorganium*, au *Journal du Finistère*, du 15 mars 1873, l'a minutieusement décrite dans sa partie supérieure avec ses deux embranchements entre Kernilis et la pointe de Plouguerneau (1) : l'un d'eux aboutit en face du fort Cézon et du port actuel de l'Aber-Vrac'h.

C'est sur la section qui nous occupe, à Kerscao près Kernilis, que se trouvait la borne milliaire, dédiée à Ti-Claudius, fils de Drusus, aujourd'hui déposée au Musée de Quimper, et qui a permis à M. Le Men de fixer définitivement l'emplacement de Vorganium.

Même abondance de renseignements pour l'embranchement de La Feuillée à Landerneau, reliant directement la métropole à Gésocribate-Brest. Lorsqu'on identifiait Carhaix, Vorgium et Vorganium, trois localités aujourd'hui parfaitement distinctes, cet embranchement se trouvait faire partie de la grande voie signalée par la carte de Peutinger, et que les distances indiquées nous ont conduit à reporter plus au Sud.

Route N° 4.

Du Mans à Camaret (centre Bretagne).

Cette route se superpose presque exactement, dans la plus grande partie de sa longueur, à une route nationale actuelle; ce qui justifierait au besoin sa détermination.

La section comprise dans le département de l'Ille-et-Vilaine, passant au-dessous de Vitré, et se dirigeant sur Condate-Rennes, par Châteaubourg, puis sur Montfort par l'Hermitage, pour aboutir à Saint-Méen sur la limite des deux départements

(1) M. Flagelle nous en communique une description suivie par lui, et sans doute inédite : « Carhaix — route actuelle jusqu'à la Haie — Huelgoat — Rouguellou — La Feuillée — La route actuelle pendant 800m — Roc Tredudon (368m d'altitude.) — (La voie s'appelle ici *Hent Gallec*) — Meil ar Manac'h, à 1200m, sud de Plouneour-Menez — Chapelle de Loc-Eguiner — Cré-hor-Bleiz en Guimiliau — 300m, nord de Lampaul — Moulin de Pont-Croas en Landivisiau — traverse la nouvelle route nationale N° 12, à 1 kil. au sud-ouest de Landivisiau, et l'ancienne, près de Pen-ar-Parc — Mouster Paul en Bodilis — Kerilien en Plouneventer — Le vieux Chatel en St-Méen — St-Méen — Chapelle Jésus en Trégarantec — La Croix rouge au

d'Ille-et-Vilaine et des Côtes-du-Nord, a été décrite par MM. Bizeul et Toulmouche : il n'y a guère de doute sur son tracé exact.

Quant à la section comprise dans les Côtes-du-Nord entre Saint-Méen et Carhaix, en passant par Merdrignac, Loudéac, Mûr, Gouarec et Rostrenen, elle a été suivie, pas à pas, par M. Gaultier du Mottay, avec le soin scrupuleux que met à toutes ses recherches ce consciencieux archéologue.

Les recherches de MM. de Blois, Bizeul et Halléguen, nous font connaître, d'une manière précise, la section de Carhaix à la pointe de Camaret qui passe par Plouguer, le Penity en Landeleau, le Rospidal en Collorec, 400 mètres au Sud du cloître, 2,800 mètres au Nord de Pleyben, la chapelle de Lopars en Châteaulin, Dinéault, 2,400 mètres au Sud d'Argol, Crozon et la chaussée de l'anse de Kerlach. C'est la fameuse voie connue sous le nom d'Hent-Aès.

Route N° 5.

De Cherbourg à Vorganium et Portus Staliocanus, le long du littoral Nord de la presqu'île, avec embranchement sur Landerneau, pour Ossismi (Brest).

Nous n'avons à étudier cette voie que depuis Avranches, l'Ingena des anciens géographes : c'est la symétrique de la voie de Nantes à Vorganium sur le littoral Sud de la presqu'île.

Folgoët — Route départementale de Lesneven à Lannilis sur 2 kil. — Sud de Kerradennec en St-Frégant — Sud du château de Penhoat — Borne de Kerscao, au Nord de Kerscao et Kernilis — A 350m à l'O. de Croas-prez, bifurcation :

1° Branche de gauche servant de chemin vicinal passe au Groannec-Coz — Chapelle de Groannec — A 400m Nord du vieux château de Coat-Querran — Sud du bourg de Plouguerneau — Kerferré Bian — Lanvaon — Nord de Castel an Dour — St-Cava en Plouguerneau, vis-à-vis le fort Cézon, en Landeda ;

2° Branche de droite passant à Antéren en Plouguerneau (*Anter Hent* : mi-chemin) — A la chapelle de Ste-Anne — Au Nord du bourg de Plouguerneau, et à Ty-Bec ar Fourn, près de la mer.

MM. Bizeul, Toulmouche et Gaultier du Mottay, ont décrit la section d'Avranches à Corseul : et ce dernier a précisé fort exactement le point de passage sur la Rance. D'Avranches, la voie se dirigeait sur Dol au travers des grèves actuelles du Mont-Saint-Michel, dans lesquelles elle disparait deux fois, mais qui n'étaient pas alors submergées ; et sa trace est d'autant plus nettement indiquée que la voie reparaît sur le contrefort qui sépare en deux anses le fond de la baie, formée vraisemblablement vers le VIIIe ou le IXe siècle ; l'abbé Manet dit avoir vu le dos d'âne de la voie dans les grèves. Reprenant la terre ferme actuelle à Roz-sur-Couesnon, la voie passait au pied du Mont-Dol, cette station préhistorique récemment éplorée par M. Sirodot, et qui est actuellement le plus ancien monument connu de notre histoire armoricaine : puis la voie traversait Dol, et l'atelier paléolithique de la Ganterie (si intelligemment fouillé par MM. Micault et Fornier, heureux inventeurs de cette trace importante de la période de la pierre éclatée, parmi nous) (1), passait la Vilaine sous Taden, entrait directement à Corseul.... et, de ce point, M. Gaultier du Mottay l'a décrite fort exactement jusqu'au fond de la baie de Saint-Brieuc à Yffiniac, par Bourseul, Pléven, la Poterie et Lamballe.

A partir d'Yffiniac jusqu'à Saint-Brieuc, il existe une lacune qui n'a pas encore été comblée ; mais nous ne pouvons croire que la baie de Saint-Brieuc, que nous avons souvent parcourue, et qui est toute entourée de débris romains parsemés de côté et d'autre dans les communes d'Hillion, Yffiniac, Langueux, Trégueux, Saint-Brieuc, Plérin, Pordic, etc..., n'ait pas été contournée ou traversée par une voie non interrompue : la grande forteresse de Cesson à la pointe du Légué porte des traces incontestables du séjour des Romains ; on trouve dans les champs voisins, outre des débris de constructions, de magnifiques médailles d'or des empereurs ; le plus

(1) Voir le volume des Mémoires du Congrès scientifique de Saint-Brieuc, en 1872.

beau Dioclétien que nous ayons jamais vu a été ramassé dans un sentier au pied de la tour, sans qu'on se soit donné la peine d'y faire la moindre fouille ; nous ne croyons donc pas devoir imiter la prudente réserve de M. Gaultier du Mottay ; et, s'il n'existe plus de traces de voie d'Yffiniac à Saint-Brieuc, c'est qu'elle a disparu, sans doute, dans les affaissements du fond de la baie ; mais nous avons la conviction qu'elle se détachait de la voie de la côte pour traverser Hillion et la grève d'Yffiniac, et aboutir aux environs de la tour de Cesson, d'où elle atteignait Saint-Brieuc.

De Saint-Brieuc à Coz-Yeaudet par le Sépulcre, Trégomeur, Lanvollon, Pontrieux, Laroche-Derrien, Lannion...... il n'y a plus de doute ; M. Gaultier du Mottay a décrit la voie très-exactement ; et nous devons nous accuser, pour notre part, de l'avoir en partie démolie pendant deux kilomètres entre Trévérec et Quimper-Guézennec, pour faire passer une rectification de route départementale.

De Lannion, la voie se dirigeait sur Morlaix en traversant la lieue de Grève, au point de tangence de l'arc de la route actuelle, entrait dans le département du Finistère à Pont-Menou, pour suivre, pendant près de deux kilomètres, la route départementale N° 2, passait au Nord de Garlan, arrivait à Morlaix ; puis longeant pendant 1200 mètres la limite Nord de Saint-Sève, elle passait sous Penhoat, traversait Plouvorn, Boisriou en Saint-Vougay, Goasfranc en Lanhouarneau (1) et venait rejoindre la route précédente (N° 4) aux environs de Kérilien en Plounéventer, où M. de Kerdanet a signalé l'existence d'une sorte de ville gallo-romaine, probablement une *mansion* d'autant plus importante qu'elle se trouvait au confluent de deux des voies stratégiques principales de la presqu'île.

(1) M. Flagelle nous indique encore comme point de passage : la limite N.-E. de Plougonver pendant 800m, Tourelhon, le Sud du château de Kerjean, la Croix-Neuve en Lanhouarneau, etc., etc.

De Kérilien la voie se dirigeait directement sur Portus Staliocanus en passant, d'après M. Flagelle, par Ploudaniel, Plabennec et Saint-Renan. Enfin, l'embranchement de Morlaix à Landerneau pour Ossismi (Brest) serrait de très-près la route actuelle et passait par Saint-Thégonec, Landivisiau et la Roche-Maurice.

Route N 6.

De Locmariaker à Lisieux.

La première section, de Locmariaker à Vannes, est très-connue : le président de Robien, MM. Bizeul et Cayot-Delandre l'ont décrite. Très contournée, elle traversait d'abord cette antique baronnie du Kaër qui a donné son nom à Locmariaker, et que M. Jégou, de Lorient, considère comme l'un des plus frappants vestiges de la domination romaine : Kaër, dérivant, selon lui, très-naturellement de Caësar par une transformation fréquente de l'S en H : puis, elle franchissait la rivière d'Auray au confluent du Sal, sur un pont dont il reste des traces, et passait sous Baden et Arradon près des nombreuses villas de la côte. Dans un mémoire, publié en 1859, dans le *Bulletin de la Société Polymathique du Morbihan*, M. le docteur Fouquet a rectifié le tracé de Cayot-Delandre dans les communes d'Arradon et de Vannes, et décrit tous les petits embranchements qui se dirigeaient vers la côte, au Lodo, à Pomper, Kérion, etc.

Entre Vannes et Rennes, il y a un peu d'indécision en certains points. Cayot-Delandre décrit la voie d'une façon fort précise de Vannes à Trédion, puis à partir de ce point, il la confond avec une voie prétendue de Carhaix à Rennes dont la courbe en demi-cercle complet paraît peu compatible avec le plus court chemin d'un point à un autre. De Trédion à Sérent et à Caro la prétendue voie de Rennes à Carhaix n'est autre chose qu'un tronçon d'une véritable voie directe de Vannes à

Rennes. — L'abbé Guillotin de Courson, dans son étude sur Carentoir (*Bulletin de la Société Polymathique* de 1868) dit l'avoir reconnue au château de Mûr et au village de Marsac; il nous semble pourtant que la voie qu'il indique ainsi dans Carentoir est perpendiculaire à celle-ci, et ferait plutôt partie de celle d'Alet à Guérande que nous décrirons bientôt sous le N° 7. — Cayot-Delandre prétend la retrouver dans Monteneuf. — D'un autre côté, M. Toulmouche décrit, sortant de Rennes, un tronçon de Rennes à Guer qui correspond exactement avec la ligne qui nous occupe, comme direction; c'est pourquoi, nous ne mettons pas en doute la ligne continue de Guer à Caro et Missiriac; mais il y aurait, en cette région, une recherche intéressante à faire pour la retrouver exactement sur le terrain; tous les renseignements, publiés jusqu'ici, sont fort confus. Ce qu'il y a de certain c'est que tout le pays entre Caro, Guer et Carentoir est couvert de débris romains, tuiles, substructions, camps, etc.

De Rennes à Fougères, par Liffré et Saint-Aubin-du-Cormier, dans la direction de Lisieux et des provinces de la Belgique, la voie sortant de Rennes a été décrite par M. Toulmouche, dans son ouvrage sur Condate aux époques gauloise et gallo-romaine. — Entre Fougères et la limite du département d'Ille-et-Vilaine, on trouve quelques renseignements sur la voie dans l'étude que M. Léon Maupillé a consacrée au *Chemin-Chasles*, dans le *Bulletin de la Société archéologique d'Ille-et-Vilaine* en 1863; mais les renseignements, donnés par l'auteur du mémoire, sont fort confus, et les points qu'il indique ne semblent guère affecter une direction très-régulière. Pierre-Lée en Louvigné, La Vieuxville en Landéon, Parigné et Lécousse, combinés avec Lévaré et Ladorée ne paraissent pas devoir appartenir rigoureusement à une même ligne. Du moins, ils peuvent jalonner la direction générale.

Route N° 7.

De Tours à Clis-Guérande et la pointe de Piriac.

C'est la voie de la rive droite de la Loire. On ne l'a jamais signalée que par sections incomplètes, mais elle a existé certainement dans toute son intégrité.

A l'Est, nous n'avons à nous en occuper que d'Ingrandes à Nantes; et cette section a été décrite par M. Bizeul dans les Mémoires de la Société académique de Nantes en 1837. D'Ingrandes, la voie se rendait à Ancenis en traversant l'Ile d'Anetz, où l'on a retrouvé ses traces dans les environs du chemin de fer actuel. D'Ancenis, elle se dirigeait sur la petite rivière du Hâvre, qu'elle traversait au Pont-Noyé, servait de limite entre les communes de Couffé et d'Oudon, puis, après avoir passé par la Pierre Blanche, Mauves et Sainte-Luce, elle arrivait à Nantes par la rue de Richebourg. Un grand nombre de noms romains se trouvent sur son parcours.

Il y a plus d'incertitude entre Nantes et Guérande, quoique nous connaissions exactement plusieurs de ses points : par exemple, le long fragment bien conservé entre Méan et Escoublac, et la portion décrite par M. Bizeul entre Blanche-Couronne et Méan, sous le nom de *voie de Blain à Saint-Nazaire.* M. Bizeul affirme catégoriquement dans son dernier ouvrage sur les Namnètes, qu'il ne sortait de Nantes absolument que deux voies romaines sur la rive gauche de la Loire, celles de Blain et d'Angers. Nous démontrerons qu'il y en avait au moins quatre. Quant à celle-ci qui empruntait, sans doute, la première section de la route No 1, de Nantes à Gésocribate, nous nous réservons de l'étudier plus à fond et de présenter à loisir une description détaillée de son tracé; mais nous pouvons déjà le jalonner avec quelque certitude par Saint-Etienne-de-Montluc, la Chaussée en Cordemais, le

Haut-Chemin en Bouée, la Haie de Lavau, les chaussées de Sem et de Nion; Montoir, la Missaudière et Escoublac.

A partir de Guérande, la voie continuait, selon toutes les probalités, jusqu'à la pointe de Piriac; dans cet intervalle, on rencontre, outre un village appelé le *Grand-Chemin*, beaucoup de noms d'origine romaine et surtout le vaste établissement de Clis, agglomération de ruines gallo-romaines considérable, où M. le lieutenant de vaisseau Martin, qui a exploré, avec un soin minutieux, tout le pays de Guérande (et qui vient de découvrir sous un tumulus, deux magnifiques dolmens à galerie, à Dissignac), prétend placer le *Grannona in littore Saxonico* de la notice des dignités de l'Empire. Il est fort possible qu'il ait raison, et ce point se trouvant très-rapproché de Guérande où les débris romains sont rares, ceux qui placent provisoirement avec nous Grannona à Guérande n'auraient pas complètement tort.

Route No 8.

De Nantes à Cherbourg.

Plusieurs tronçons de cette grande ligne ont été décrits avec un soin minutieux par M. Bizeul. Le premier est celui de Nantes à Blain, partant du Pont de Barbin et passant par Notre-Dame des Landes et Pont-Losquet. Dans un mémoire publié en 1869 dans le Bulletin de la Société Archéologique de Nantes, sur les tours télégraphiques gallo-romaines, M. le Docteur Foulon a présenté une rectification de tracé à l'arrivée à Nantes, rectification qui nous parait très-plausible après examen des lieux. La chaussée de Barbin étant l'œuvre de saint Félix, au VIe siècle, et la chaussée de la Verrière, située à plusieurs kilomètres en amont (en face des ruines du château de Barbe-Bleue et près du confluent de la rivière de Gesvres, dans l'Erdre) se perdant dans la nuit des âges, M. Foulon pense que la voie de Nantes à Blain n'a dû passer l'Erdre que sur la chaussée de la Verrière, submergée lors de la construction de celle de Barbin, et suivre pour y arriver le vieux chemin de Châteaubriant qui présente tous les caractères d'une voie romaine et le long duquel est située l'une des tours télégraphiques gallo-romaines qui font l'objet spécial de son étude.

De Blain à Rennes, MM. Bizeul et Toulmouche n'ont laissé aucune lacune à combler : la voie passait par le Gavre, Conquereuil, Pierric, Fougeray, Pléchatel et Laillé; cela concorde parfaitement avec la description donnée par M. l'abbé Guillotin de Corson dans son mémoire sur le canton de Bain, inséré au Tome IV des Bulletins de la Société Archéologique d'Ille-et-Vilaine en 1866.

Enfin de Rennes vers le département de la Manche, la voie dont il s'agit est probablement une de celles dont il est question dans l'Itinéraire d'Antonin. Malheureusement la mention de l'Itinéraire ne peut pas inspirer grande confiance, parce que les distances partielles indiquées entre les différents points intermédiaires ne donnent point le total de la distance cumulée indiquée en tête de la description. Voici le texte : « *Ab Alaunio Condate* (De Valognes à Rennes) M. P. (millia Passuum) LXXVII (c'est-à-dire 77) : *Cosedias* (Coutances) XX. *Fanum Martis* XXXII. *Fines* XXVII. *Condate* XXIX. » Or, le total de 20 + 32 + 27 + 29 donne 108 : et puisque l'Itinéraire est faux pour les distances, peut-on lui donner beaucoup plus de créance pour les noms des stations ? Si *Fines* peut se traduire sans difficulté par Feins, bourg en effet situé sur une voie romaine bien reconnue, au nord de Condate (de Rennes au Mont-Saint-Michel, à vingt-cinq kilomètres de Rennes) et à peu près sur la frontière des Redones et des Diablintes, *Fanum Martis* que nous avons établi près de Corseul, est beaucoup trop éloigné à l'ouest pour pouvoir se trouver sur le parcours de la voie. Mais nous ne pensons pas qu'une mention sur un Itinéraire déjà fautif puisse suffire pour enlever Fanum Martis à un point où toutes les probabilités concourent à le placer. Les adversaires de Corseul ont fixé Fanum Martis au Mont

Dol : cette situation serait encore fort excentrique par rapport à la direction générale indiquée, et de plus les distances ne correspondraient plus. D'autres rejettent la voie complètement à droite, prétendent avec quelque raison que l'Itinéraire d'Antonin se compose de deux tronçons de voies distinctes, l'une de Rennes à Bayeux ou à Lisieux, l'autre de Valognes au Mans : *Fines* serait sur la première aux frontières des Redones et des Abrincatui ou des Arvii, et Fanum Martis au point de croisement. On remarque du reste que Fines ne marque peut-être pas un nom de lieu, mais simplement une frontière.

M. Léon Maupillé, qui, dans son étude déjà citée sur le chemin Chasle, adopte ce système, prend pour première branche la section de voie que nous avons précédemment décrite de Rennes à Lisieux par Fougères, et place Fines à Pierre-Lée à quinze cents mètres au sud-ouest de Louvigné, et Fanum Martis à Montigny en Normandie. Cela peut être exact ; mais en ce cas, il y avait en Gaule Armoricaine deux Fanum Martis, ce qui n'a rien que de très-plausible.

Quoiqu'il en soit, il existait certainement une voie directe de Rennes à Avranches, et nous adopterons simplement le tracé reconnu par MM. Bizeul et Toulmouche, traversant Saint-Aubin d'Aubigné, Antrain et Precey, pour se raccorder à Avranches avec la voie ci-dessus décrite de Cherbourg à Vorganium par le littoral nord.

III

ROUTES DE DEUXIÈME CATÉGORIE

Route N° 9.

D'Alet (St-Servan) à Grannona (Clis-Guérande) avec embranchement sur Rieux.

D'Alet à Saint-Méen, à la limite actuelle des trois départements d'Ille-et-Vilaine, des Côtes-du-Nord et du Morbihan, la voie a été minutieusement décrite par M. Gaultier du Mottay; elle passe par Châteauneuf en Bretagne, Pleudihen, Lehon, Saint-Carné, Saint-Maden, et Saint-Jouan-de-l'Isle.

De Saint-Méen vers Guer, la voie a été reconnue, mais d'une manière beaucoup moins complète, par MM. Bizeul et Toulmouche qui ne sont pas rigoureusement d'accord : elle passait à l'est de Gaël, puis traversait Paimpont et Saint-Malo de Beignon, ou prenait suivant M. Bizeul (*Notice* sur Alet et les Curiosolites) une direction un peu plus occidentale.

De Volescamp à deux kilomètres à l'ouest de Guer, jusqu'au passage de la Vilaine, probablement à Duretie (au Gué-de-l'Isle en Arzal), il y a encore plus d'incertitude. M. Bizeul a jalonné, à l'aide de retranchements gallo-romains, une voie se dirigeant sur Rieux, et passant aux camps de Mûr et du Madry en Carentoir, à Sigré près la Gacilly, à Branferé (deux kilomètres Ouest de Glénac), puis à la Chaussée en Saint-Vincent du Pont...., cela est possible comme embranchement; mais nous pensons que le prolongement de la voie de Corseul à Guer devait avoir lieu vers l'embouchure de la Vilaine, pour se raccorder avec un tronçon parfaitement connu de Duretie à Guérande; selon nous, le complément de voie que nous indiquons ici à l'attention des chercheurs, devait passer au camp de Mûr en Carentoir, en Saint-Martin, en Saint-Gravé, en Rochefort, en Limerzel, à *Henlez* en Péaule. Les fragments de voie que MM. Bizeul et l'abbé Guillotin de Corson ont reconnu dans Carentoir devaient lui appartenir, et Cayot-Delandre attribuant à la prétendue voie de Rennes à Carhaix des tronçons observés dans Carentoir et Monteneuf, nous paraît se contredire formellement, car leur direction générale serait perpendiculaire à la ligne de Rennes à Carhaix ou à Vannes, tandis qu'elle se rapporte assez bien avec la nôtre; enfin, M. le docteur Fouquet a signalé plusieurs fois dans les bulletins de la Société Polymathique du Morbihan, en particulier en 1867, une région toute couverte de débris romains qui s'étend entre Limerzel, Rochefort et Questembert; et dans cette région une voie courant du nord au sud qui semble coïncider avec notre tracé. Tout concorde donc pour appuyer nos prévisions, et nous insistons sur la recherche exacte de ce tronçon, car toute la région voisine de la Vilaine n'a encore été explorée sérieusement que dans le sens des voies perpendiculaires à cette rivière, et l'on n'a donné rien de précis sur la ou les voies parallèles.

De Duretie à Grannona (Guérande) la voie est beaucoup mieux connue : et s'il n'en reste aujourd'hui que peu de fragments visibles, on sait, grâce aux travaux de MM. de Closmadeuc, Desmars, de Kersabiec et autres explorateurs intrépides de notre littoral, qu'elle se détachait de la grande voie de Nantes à Gesocribate (N° 1) au-dessous de Férel, et gagnait Guérande par Herbignac et Saint-Lyphard, traversant la fameuse redoute des Grands-Fossés, qui fermait la presqu'île guérandaise, et que César, selon toutes les probabilités, dut forcer dès l'abord pour attaquer ensuite successivement les oppida qu'elle protégeait. — Ce tronçon complétait, avec la voie de la Loire, qui arrivait à Guérande en suivant le pied des collines d'Escoublac, Beslon, Carheil et Congor, la ceinture du littoral.

Route N° 10.

D'Alet à Vannes.

La première section, d'Alet à la Trinité-Porhoët, a été décrite avec les plus grands détails par M. Gaultier du Mottay dans son travail sur les voies romaines des Côtes-du-Nord. Se détachant de la route précédente entre Saint-Servan et Saint-Jouan-des-Guérêts, elle traversait la Rance au-dessous de Pleurtuit, et gagnait Corseul par Trigavou et Languenan ; puis elle se dirigeait sur Plumieux près la Trinité, en passant par Jugon, Bcquien, Laurenan et Coëtlogon.

On trouve une description fort complète de la seconde section de Plumieux à Vannes, dans Cayot-Delandre, qui l'intitule *voie de Vannes à Corseul.* Elle passait à l'ouest de Lantillac, traversait Saint-Jean-Brévelay, et gagnait Vannes par Le Nédo et la lande de Parcarré.

Route N° 11.

D'Alet à la pointe du Raz.

La première section d'*Alet à Carhaix* est décrite avec les plus grands détails dans l'ouvrage déjà souvent cité de M. Gaultier du Mottay. Elle traversait la Rance au même point que la précédente, et suivait à peu près le littoral jusqu'à Yffiniac, en passant par le Guildo, Matignon où quelques auteurs placent le *Mannatias* de la notice des dignités, la Bouilllie, Saint-Alban, Planguenoual et Morieux. Entre Yffiniac et Quintin, elle est connue dans le pays sous le nom de Chemin-Noé, plus exactement d'Aès : puis de Quintin, elle se dirige vers Carhaix, en passant sur le faîte de la chaîne d'Arrhée, entre le Vieux-Bourg et Saint-Biby, puis longeant Saint-Nicolas-du-Pélem et Maël-Carhaix.

La seconde section de *Carhaix à Douarnenez*, jadis annoncée par MM. de Blois et de la Monneraye au Congrès de Quimper en 1847, puis décrite par M. Bizeul en 1849 dans son opuscule sur les voies romaines sortant de Carhaix, a été parcourue de nouveau par M. Halléguen qui lui assigne pour points de passage principaux : Castel-Spézet, Trévarez en Saint-Gouazec, Buzit en Lothey, Lestrével en Briec, le camp de Quillodoaré en Cast, Kerstrat en Plonevez-Porzay et le vallon du Riz. Mais ce tracé est fort contourné, et nous préférons beaucoup suivre le tracé beaucoup plus direct par la rive droite de l'Aulne, que décrit ainsi M. Flagelle qui l'a parcouru récemment avec M. Grenot. (Ceci nous conduit à rejeter le tracé de M. Halléguen au troisième réseau, voir route N° 35.) Donc, partant de Carhaix par la route de Châteauneuf, notre route N° 11 la quittait au second pont pour se tenir au nord, passait à Creuc'hmeur en Cléden-Poher, à Coatmeur-Ty-Creis, au sud de la Haie et de la Roche, à Kermorvan, au bourg de Landeleau, à Châteauneuf, à Keryvon-Bourg et au Pont-Pol ; puis traversait le canal, passait par Tréveil et Keraval, et venait rejoindre la voie plus longue indiquée par M. Halléguen. Enfin par Ty Flern en Edern, Kerdever et la Madeleine, elle venait traverser le Steyr au moulin du château, près de la gare de Quéméneven ; et de là par Kerrest en Plogonec, Lezinel et le Juch, elle arrivait à Douarnenez.

Enfin, de *Douarnenez (Keris) à la pointe du Raz*, on a quelquefois varié sur le tracé véritable ; mais M. Halléguen a fait remarguer justement, que d'un tronçon commun qui se détache de Kéris au-dessous du château de Grallon et du bourg de Ploaré, divergent plusieurs branches qui se dirigent vers divers points de la côte. Nous prendrons, avec MM. de Blois et Le Men, pour tronçon principal, voie réelle de Carhaix à la pointe du Raz, celle de ces branches la plus rapprochée de la côte Sud de la baie de Douarnenez, tellement riche en oppida Gaulois, que M. Le Men assigne même à la voie une origine gauloise; elle passait au travers des communes de Poullan et de Beuzec, un peu au Nord du bourg de Goulien, et aboutissait à la pointe du Raz au village de Troguer.

La voie de Douarnenez à Audierne dont nous parlerons plus loin, faisait, en partie. double emploi avec elle, car elle était reliée par un prolongement, d'Audierne à Troguer, fragment de la ceinture du littoral.

Route N° 12.

De Perros à Vorgium (Concarneau) et Civitas Aquilonia (Locmaria de Quimper).

En ne considérant que les deux points les plus importants aux extrémités de cette ligne, il serait peut-être plus vrai de l'appeler voie de Coz-Yeaudet à Vorgium; mais comme elle s'avançait en ligne droite jusqu'à la pointe de Perros-Guirec, nous avons préféré la nommer exactement.

La première section, de *Perros à Carhaix*, a été décrite, point par point, par M. Gaultier du Mottay; elle passait à Lannion, à l'Est de Plouaret, de Loguivy-Plougras, de Plourac'h,..... et entrait à Carhaix par la route actuelle de Guingamp.

La section de *Carhaix à Civitas Aquilonia* a été décrite en détail par M. de Blois, et par M. Bizeul dans ses études sur les voies sortant de Carhaix; elle passait par Rondouallec et Coray; mais l'embranchement qui, de Coray, se dirigeait sur Vorgium (Concarneau) n'est pas connu avec autant d'exactitude; il a été plusieurs fois indiqué par M. Halléguen, et M. Flagelle nous en adresse cette description : « Il se détachait à deux kilomètres et demi à l'Est de Coray, et tombait dans le chemin vicinal actuel de Coray à Rosporden, à 1,500 mètres au Nord de Tourch. Du bourg de Tourch, il passait à Bois-Jaffray, au haut Penfoennec, à l'Est de Soulivars, à Ty-Palmer, et traversait la route nationale de Paris à

Quimper à 2200 mètres à l'Ouest de Rosporden, en suivant, dans une grande partie de parcours des limites de communes ; enfin, traversant Coat-Culoden, la voie passait à Coat-Cony en Beuzec-Conq et arrivait à Concarneau par la grand'route actuelle. »

Route No 13.

De Morlaix à Penmarc'h.

La première section, de *Morlaix à Civitas Aquilonia* (Locmaria de Quimper) a été plusieurs fois indiquée par MM. de Blois et Halléguen. La Feuillée, Plounenez du Faou, Trediern et Briec en sont les jalons principaux ; et M. Halléguen cite, comme points intermédiaires. Plounéour-Menez, Loqueffret, *Pont-Paul*, Saint-Thois, Edern, etc. Mais, M. Flagelle nous signale une voie beaucoup plus directe que nous avons indiquée en pointillé et passant par Pleyber-Christ, Braspart, Pleyben, la chapelle des fontaines en Gouézec, et le Penity en Briec, après quoi elle se confond avec la précédente.

De *Civitas Aquilonia à Penmarc'h*, on sait, après les descriptions de MM. de Blois et Halléguen que la voie se dirigeait sur le Pont-Labbé, en passant par Plomelin, d'où elle jetait un petit embranchement sur la fameuse villa du Pérennou. C'est la voie, rive droite, de la rivière de Quimper.

Route No 14.

De Coz-Yeaudet à Portus Namnetum (Nantes).

Personne encore n'a signalé cette grande ligne, que nous regardons comme très-importante, dont on connait positivement quelques tronçons, et dont nous pouvons jalonner les lacunes avec des probabilités voisines de la certitude.

Une parenthèse d'abord, en faveur de Coz-Yeaudet, qu'on a

longtemps pris, fort à tort, pour Lexobie; à moins qu'il ne faille y voir une *colonie de Lexoviens*, comme à Jublains, une colonie de Diablintes : ce qui expliquerait bien des passages obscurs des anciennes chroniques. Si non, ne serait-ce point là qu'il faudrait placer le *Mannatias* de la Notice des dignités de l'Empire? Nous avons déjà remarqué que l'énumération des garnisons du *tractus armoricanus*, suivait à peu près l'ordre du littoral en marchant de la Loire vers la Seine. Or, Mannatias s'y trouve cité entre Ossismi, et Alet. Il faut donc le chercher sur la côte du Nord, et c'est dans cette pensée que quelques paléogéographes l'ont placé à Matignon. (Quant à y reconnaître Nantes, nous nous y refusons formellement.) Mais pourquoi désigner Matignon à cause de la première syllabe de son nom, quand on rencontre sur la côte Nord un établissement romain considérable, un port important, où la tradition place même le siége de l'évêché qui a précédé Tréguier? Coz-Yeaudet se traduisant littéralement par Vieille-Cité, vieille ville, qu'est-ce qui s'oppose à ce que le nom romain de Mannatias ait été perdu après une ruine complète par une invasion des pirates saxons ou de la mer, suivant les légendes, et que le nom de *vieille cité* l'ait remplacé dans la mémoire des générations suivantes? cela est au contraire très-naturel.

Quoiqu'il en soit, de *Coz-Yeaudet à la Roche-Derrien*, nous suivons d'abord la grande voie déjà citée du littoral Nord; mais nous ne pouvions appeler notre ligne, voie de la Roche-Derrien à Rieux, car les deux points extrêmes n'eussent pas été assez importants; c'est pourquoi nous avons pris, pour têtes de ligne, deux points un peu en arrière des embranchements eux-mêmes. C'est-ce qu'on fait encore aujourd'hui dans le classement des routes et chemins.

De *la Roche-Derrien à Guingamp*, la voie est citée par M. Gaultier du Mottay dans son travail sur les Côtes du Nord; mais pourquoi s'arrêter à Guingamp, lorsqu'en prolongeant le tronçon en ligne droite, on tombe précisément au passage de la Vilaine à Rieux, où l'on rencontre un prolongement tout fait sur Nantes? Or, sur tout le parcours de la lacune entre

Guingamp et Rieux, nous trouvons en ligne droite une foule de noms romains dont plusieurs sont significatifs. Nous pensons donc que la voie passait aux villages nommés : *La rue Saint-Neven* en Ploumagoar, *la rue Cortès* et *le cloître* en Saint-Fiacre, *le Vieux Châtel* en Saint-Gildas, *la ville Haie* en Le Fœil, *la Moinerie* et *le Haut-Roma* en Lanfains, *la Ferrière* en l'Hermitage, etc., etc....., puis, après avoir traversé le bourg, commune de *la Ferrière*, la voie entrait à la Trinité-Porhoët, d'où elle gagnait Ploërmel par Coussac, Mohon et Taupont. — Entre Ploërmel et Rieux, la voie se trouve située dans ce pays, fort riche en débris romains qui n'a pas été exploré d'une manière assez méthodique, et que nous avons signalé déjà plusieurs fois, région située entre Guer, Rochefort et la Vilaine. Suivant toutes les probabilités, elle traversait les environs des bourgs de Monterrein, Missiriac, Ruffiac, St-Martin... traversait l'Oust en Peillac, au lieu qu'on appelle encore dans le pays *Passage des Romains*, et venait se raccorder à l'Est d'Allaire avec la voie de Tours à Vorganium par Blain (N° 3), un peu au-dessus de Rieux. — Tel est le projet de tracé que nous livrons aux recherches des archéologues des départements des Côtes-du-Nord et du Morbihan.

De Rieux à Blain, la voie empruntait le tronçon déjà décrit de la grande voie de Tours à Vorganium, et de Blain à Nantes, celui de la voie de Nantes à Cherbourg.

Route No 15.

De Coz-Yeaudet à Angers.

Cette dénomination nous semble le seul mode de raccord rationnel d'un tronçon depuis longtemps connu et décrit avec quelque détail dans la région limite des départements de l'Ille-et-Vilaine et de la Loire-Inférieure, par M. Toulmouche dans son ouvrage sur Rennes, et par l'abbé Guillotin de Corson, d'après M. Bizeul, dans son étude sur le canton de Bain. M. Bizeul l'avait appelé *voie d'Angers à Carhaix*; mais Carhaix n'étant pas une capitale, et surtout n'étant pas un port de mer, nous préférons beaucoup placer la tête de ligne à Coz-Yeaudet. Carhaix n'a jamais été qu'un centre de croisement de voies, la plus importante des *mansions* de notre pays. Blain venait ensuite.

Quoiqu'il en soit, le tronçon en question, passe certainement par Bain et Lohéac, traverse la Vilaine au Port 'neuf en Pléchatel, coupe à angle droit la voie de Rennes à Blain (section de celle que nous avons appelée de Nantes à Cherbourg), et paraît se diriger, dit M. Toulmouche, à l'ouest, vers Guer, à l'est, vers Châteaubriant. Cette direction générale concorde parfaitement avec la voie que nous proposons d'appeler de Coz-Yeaudet à Angers. Elle se raccorderait à la précédente dans les environs de Ploërmel, psssera it au-dessous de Guer; puis, traversant Lohéac, Bain et Rougé, elle atteindrait Châteaubriant. — Entre Châteaubriant et Candé, nous l'avons jalonnée très-facilement à l'aide d'une foule de noms romains de villages et hameaux placés en ligne droite dans cette direction : *La chaussée, le Grand Chemin*, etc., etc. — Entre Candé et Angers elle se confondait avec la voie d'Angers à Vannes (section de celle de Tours à Vorganium).

Route No 16.

De Corseul à Jublains.

MM. Gaultier du Mottay et Toulmouche ont fort bien décrit cette voie qui, se détachant de la grande voie de Tours à Reginea (Erquy) au-dessus de Tressaint, passait par Meillac, Combourg, Saint-Remy du Plein, *Vieuxvy*, Saint-Christophe, et qui, à partir de Vandel, suivait à peu près parallèlement, mais plus au Sud, la route actuelle de Fougères à Mayenne.

Dans l'arrondissement de Fougères, la voie est connue sous le nom de *Chemin-Chasle*, et M. Léon Maupillé qui l'avait déjà décrite avec M. Bertin dans sa Notice sur la ville et l'arrondissement de Fougères, publiée en 1846, a donné en 1863 de nouveaux détails sur cette section, dans le *Bulletin de la Société archéologique d'Ille-et-Vilaine*. La voie traversait, à partir de Vandel, les communes de Billé, Javené, La Chapelle-Janson, La Selle en Luitré, Luitré, etc.

ROUTE N° 17.

Du Mans à l'embouchure de la Loire.

La voie à laquelle nous donnons ce nom, est la réunion de celle que M. Bizeul a appelée : *de Blain à Châteaubriant*, avec une portion de celle qu'il a décrite sous le nom de *Blain à Saint-Nazaire*.

Pour la première section, M. Bizeul se contente de la jalonner entre le Mans et Châteaubriant, où elle arrivait par Soudan; mais la description qu'il a publiée dans les *Mémoires de la Société académique de Nantes* est beaucoup plus complète entre Châteaubriant et le point de jonction avec la voie de Rennes à Blain (Cherbourg à Nantes) au Pont-Veix, sur le Don, un peu au-dessous de Conquereuil. La voie passait sous Luzanger et Derval; on en retrouve d'importants fragments dans la forêt de ce nom.

De Pont-Veix à Blain, la voie empruntait la voie de Cherbourg à Nantes déjà décrite.

Enfin, de Blain à la Loire, la voie suivait d'abord le tracé que M Bizeul a décrit commme allant de Blain à Saint-Nazaire, mais qui serait beacoup trop courbe et contourné pour une voie romaine unique. Nous le suivrons donc avec lui par Beuvron, jusqu'à la rencontre à angle droit de la route N° 1, de Nantes à Gesocribate, au-dessous de Savenay; mais, à partir de ce point qu'on ne peut désigner d'une manière absolument précise, parce que tous les vestiges ont disparu, la voie se dirigeait en ligne droite vers la Loire au port actuel de Lavau : les noms de *la Haie de Lavau, la Chaussée, le Haut-*

Chemin..... conservés encore aux villages intermédiaires, en sont de sûrs garants.

La portion de voie que M. Bizeul continue à décrire par l'abbaye de Blanche-Couronne et la chaussée de Sem, faisait partie de la voie rive droite de la Loire, déjà décrite, et dont on peut sans crainte affirmer l'existence continue depuis Angers jusqu'à Piriac (N 7).

Route N° 18.

De Duretie à Angers.

Nous n'avons à décrire de cette voie, qu'un tronçon relativement assez court, qui relie en ligne droite dans la direction générale indiquée des sections de voies différentes déjà décrites.

Après avoir passé la Vilaine au Gué-de-l'Isle, la voie empruntait pendant quelques kilomètres la voie N° 1 de Nantes à Gésocribate ; elle s'en détachait vers le point appelé le Mouton-Blanc, et de là elle se dirigeait en ligne droite sur Blain, pour se fondre avec la grande voie de Tours à Vorganium. Cette section du Mouton-Blanc à Blain a été décrite par M. Bizeul dans l'*Annuaire du Morbihan de* 1841, sous le nom de voie de Blain à Noyalo ou à Port-Navalo : points extrêmes assez mal choisis, car Noyalo n'a pas une importance suffisante pour justifier une tête de ligne ; et pour aller jusqu'à Port-Navalo, il y aurait un point de rebroussement fort aigu. La description de M. Bizeul a été reprise point par point dans le *Bulletin de la Société Polymathique en 1867*, par M. Desmars, et grâce à cette reprise minutieuse, la voie est fort exactement connue ; mais M. Closmadeuc, dans le même Bulletin, a combattu avec raison le nom de voie de Vannes à Angers donné aussi à ce tronçon ; il existe en effet une voie de Vannes à Angers aussi directe et généralement adoptée : c'est celle de Blain et Rieux. La section du Mouton-Blanc à Blain n'a sans doute été exécutée que postérieurement, comme ligne secondaire, pour relier à la métropole le port de Duretie et l'embouchure de la Vilaine, sans faire le grand détour du Portus Namnetum.

Route N° 19.

De Morlaix à Sulim (Hennebont) et Vannes.

La première section, de Morlaix à Carhaix, a été décrite par M. Bizeul (Voies sortant de Carhaix); elle suivait à peu près la route actuelle passant par le Cloître, Treusquilly et Poullaouen. La seconde section de Carhaix à Sulim (Hennebont) n'est connue avec un peu d'exactitude qu'à son départ de Carhaix où M. Bizeul l'a parcourue : elle devait passer à très-peu près par Tréogan, l'abbaye de Langonnet et Plouay. —A Sulim, on prenait la grande voie N° 1 de Nantes à Gésocribate pour arriver à Vannes.

IV

VOIES DE TROISIÈME CATÉGORIE

Route N° 20.

De Nantes à Châteaubriant.

Nous entrons dans le réseau de troisième catégorie qui se compose principalement des « Viæ Vicinales ».

La voie de Nantes à Châteaubriant n'a été signalée qu'incidemment et sans repères par M. le docteur Foulon, qui la place sur la rive gauche de l'Erdre. Nous avons reconnu en effet l'existence d'une voie très-probable de Nantes à Châteaubriant, en jalonnant sur la carte les noms tels que les Haies, les Pas, les Châtels ou Châteliers..., etc., et les stations où l'on a reconnu des ruines gallo-romaines, telles que le Saz, en la Chapelle sur Erdre, Sucé, etc.; mais si la voie suivait la rive gauche de l'Erdre au sortir de Nantes, elle traversait cette rivière à la chaussée de Barbe-Bleue, se confondant jusque-là avec la voie de Nantes à Cherbourg par Blain et Rennes; puis ayant traversé l'Erdre, elle se détachait aussitôt de cette voie, et remontait droit vers le nord en passant par la Gergaudière et le Saz, en la Chapelle sur Erdre, (où M. Orieux, dans un Mémoire couronné en 1864 par la Société accadémique de Nantes dit l'avoir reconnue), par Chavagne, Nort, la Roberdière... et se dirigeait sur Châteaubriant par la Haie-Besnou.

Nous ne l'avons pas suivie plus haut : il serait cependant fort intéressant de savoir si elle ne continuait pas de remonter vers le nord par la Guerche, Vitré, Fougères... en suivant les environs de la grand'route actuelle. Si on la retrouve dans les parages que nous indiquons, ce serait véritablement la voie directe de Nantes à Cherbourg, et nous ne cachons pas que nous en avens quelque soupçon. En l'absence de tout document, nous préférons ne pas nous avancer trop loin.

Route N° 21.

De Rennes au Mont Saint-Michel.

Cette voie presque parallèle à celle de Rennes à Avranches (section de Nantes à Cherbourg) et qui fait double emploi avec elle, a été cependant reconnue sans conteste. MM. Bizeul et Toulmouche l'ont décrite assez exactement pour qu'on n'ait aucun doute à son égard. Elle avait une origine commune avec sa voisine, s'en détachait à Saint-Grégoire, puis remontait au nord par Feins, Noyal-sur-Bazouges et Trans, pour aboutir à l'embouchure (rive gauche) du Couesnon, à Roz-sur-Couesnon, où elle rencontrait à angle aigu la grande voie du littoral nord de Vorganium à Cherbourg.

Route N° 22.

De Vannes à Port-Navalo.

Cette voie, sur laquelle on trouvera des renseignements assez précis dans Cayot-Delandre, était destinée à compléter la ceinture du golfe du Morbihan. Se détachant près de Noyalo, de la grande voie N° 1 de Nantes à Gesocribate, elle passait par Bourgerel en Noyalo, Kerfontaine en le Hézo, Sarzeau, Larguœven, Lenet, Tumiac, et venait aboutir à l'extrémité de la presqu'île de Rhuis, en face de Locmariaker, en sorte qu'en passant le goulet du Morbihan avec une barque, on pouvait faire sans autre lacune tout le tour du golfe.

Route N° 23.

De Vannes au Port-Louis.

Port-Louis, dont l'ancien nom est Blavet, comme celui de la rivière qui débouche dans l'Océan sous sa protection, et plus anciennement encore Locpéran, était un point naturellement indiqué pour un établissement maritime : une voie depuis longtemps reconnue le reliait à la grande voie de Nantes à Gesocribate Cet embranchement décrit par Cayot-Delandre se détachait de la grande voie à Landevant, et se dirigeait vers Port-Louis par Nostang, où l'on a trouvé de nombreux débris gallo-romains, Merlevénez et Riantec.

Route No 24.

De Carhaix à Plougrescant et Penvenan.

M. Gaultier du Mottay, dans son ouvrage sur les voies romaines des Côtes-du-Nord, a minutieusement décrit cette voie qui se détachait de celle de Perros à la pointe du Raz, aux environs de Sainte-Catherine, et remontait presque parallèlement avec elle en passant près de Callac, Louargat, Mantallot, croisait à la Roche-Derrien la grande voie du littoral nord et se divisait au-dessous de Tréguier en deux petites branches aboutissant à la côte, l'une à Penvenan, l'autre à Plougrescant.

Route N° 25.

De Roscoff à Quimper avec embranchement sur Morlaix.

Cette voie est indiquée en partie par MM. de Courcy et Halléguen; et M. Flagelle l'a parcourue sur toute sa longueur par Plouénan, l'ouest de Guiclan, l'est de Guimiliau, Loc-Eguiner (nouvelle commune), Commana, et venant se confondre à l'ouest de Botmeur avec la voie précédemment décrite de Quimper à Morlaix. (N° 13.) L'embranchement de Saint-Pol à Morlaix se détache de la route actuelle en face de Bel-Air, passe à la Croix-Bouteiller en Saint-Pol, franchit la rivière de Penzé au passage de la Corde, puis arrive par Henvic et Taulé à Saint-Martin de Morlaix.

Route N° 26.

De Vorganium à Portus Staliocanus.

Cette voie qui complète la ceinture du littoral n'a pas été décrite, du moins à notre connaissance; mais nous ne mettons pas en doute son existence : elle est nécessaire au réseau, et celui-ci a été trop bien tracé par les ingénieurs romains pour qu'ils aient laissé échapper une pareille lacune. M. Flagelle confirme nos prévisions en la jalonnant ainsi qu'il suit:

Brouennou en Landeda, Ploudalmezeau, Plourin, Brélès, Plouarzel, Ploumoguer et l'anse du Conquet, avec de nombreux embranchements sur les points importants de la côte : Portsal, Argenton, Porspoder, Laber-Ildut, etc. (1).

Route No 27.

De Carhaix à la pointe de Dinant.

Cette route a été décrite par M. Halléguen avec quelque détail jusqu'au passage de l'Aulne près de Landéveneck. Elle empruntait la grande voie du Centre-Bretagne depuis Carhaix jusqu'à Kernévez en Landeleau ; puis elle se dirigeait sur le Faou par Collorec, Lannédern, Braspart, le sud de la chapelle Saint-Sébastien et Quimerc'h, et s'avançait vers la pointe de la presqu'île située entre l'Aulne et la rivière du Faou, en passant par Rosnoen jusqu'à Tévenez, presqu'en face de Landéveneck, où elle traversait l'Aulne. De ce point, M. Flagelle nous la signale se dirigeant sur Port-Salut, par le sud de la chapelle du Folgoat en Landéveneck, les moulins à vent de Cornily et de Sénéchal, le nord d'Argol et Tal-ar-Groas.— A Port-Salut, elle empruntait la route No 4 de première classe jusqu'à Crozon, d'où elle se dirigeait directement sur Dinant.

Route No 28.

De Douarnenez (Keris) à Landeveneck.

Route décrite par M. Halléguen (Armorique et Bretagne). Elle traversait le fond de la baie de Douarnenez, aujourd'hui

(1) Nous citons, pour mémoire, deux autres voies que M. Flagelle nous indique dans ces directions, l'une de Plouguerneau à Coatmeal, par Trégloncu, l'autre de Plouguin à Saint-Renan.

submergé, et reparaissait à la lieue de grève pour se diriger sur Landeveneck par Saint-Nic et le pied du Menez-C'hom.

Route N° 29.

De Douarnenez (Kéris) à Camaret, Le Fret et Keromen.

Cette voie, décrite par M. Halléguen, contourne toute la baie de Douarnenez, en jetant des embranchements vers les petits ports de la côte, et se confond dans sa dernière partie avec la grande voie du Centre-Bretagne. Elle se séparait au-dessus du Riz de la voie de Douarnenez à Carhaix (section de celle d'Alet à la pointe du Raz) et suivait le littoral par Plounevez-Porsay, Plomodiern et Telgruc.

Route N° 30.

De Châteaulin à Audierne.

Décrite par M. Halléguen. — Se détachant de la route No 5 de Nantes à Gesocribate, un peu au-dessous de Cast, elle se dirigeait directement sur Douarnenez (Keris), par Bodennec et Plonevez-Porzay, descendait au-dessous du Riz et traversait le fond de la baie de Douarnenez aujourd'hui submergé. — De Keris elle se dirigeait à peu près en ligne droite sur Audierne en passant par Pont-Croix.

Route N° 31.

De Pont-L'abbé à la Pointe du Raz.

Il semble probable que cette section d'Audierne à la pointe du Raz, dont nous venons de parler, n'est qu'un tronçon d'une voie littorale qui devait longer toute la baie d'Audierne, et rejoindre la voie de Coz-Yeaudet à Penmarc'h. M. du Châtellier a trouvé des débris gallo-romains dans cette direction, et M. Flagelle nous la signale partant de Pont-Labbé, pour rejoindre à la Trinité, en passant par Plonéour, Tréogat, Pouldreuzic et Plozévet, la voie de Civitas Aquilonia à la pointe du Raz.

Route N° 32.

De la pointe du Raz à Sulim par Civitas Aquilonia.

La première section de la pointe du Raz à Civitas Aquilonia (Quimper) suit d'abord le littoral jusqu'à Audierne, en passant à Lescoff, au sud de Plogoff, au Loch, à Primelin, à 200 mètres au nord de la chapelle Saint-Tugeau et au bourg d'Esquibien. D'Audierne à Quimper, le tracé se présente en ligne presque droite et passe à Lesvoualc'h, à la Trinité, au nord de Plozévet, où se fait le raccordement de la voie précédente (N° 31), à Landudec, qui est entouré de débris romains, camps et tumulus, au nord du Porz en Pluguffan et se raccorde avec la route de Douarnenez à Quimper, près du château de Prat-an-Raz en Penhars. (Note de M. Flagelle).

De Quimper à Quimperlé, la voie que nous suivons est supposée faire partie de la grande ligne de Nantes à Gésocribate, par les auteurs qui placent Vorgium à Quimper; et la commission de topographie des Gaules a adopté cette opinion dans la première édition de sa carte; mais nous avons dit ailleurs (route N° 1) comment il faut reporter cette grande voie plus près du littoral, et placer Vorgium à Concarneau. La voie directe de Quimper à Quimperlé se tenait au sud de la route actuelle qui passe par Bannalec et Rosporden. En voici une description fort détaillée que nous devons à M. Flagelle.

Partant du Sud de la Tourelle près Quimper, où M. Grenot a récemment trouvé un grand nombre de statuettes, elle passe à Saint-Laurent et à la chapelle, en ruine, de Notre-Dame, se confond un moment avec la route de Rosporden qu'elle laisse ensuite au Nord, passe à Belle-Vue, à Kervellec en Saint-Yvy, au Nord du bois de Pleuven (camp romain), au Nord de Kéraunnec (substructions), au midi de Creac'h-Miquel (fortification ovale sur la montagne au Nord), à Locmaria an *Hent*, à Parc en Broc'h en Melgven (monnaies et débris), à l'*Hôpital*, à la chapelle de Coat an Poudou, à la chapelle de la Trinité, au Sud du Bouden (motte), presque en face au Midi du Manoir de Kergoat (camp et substruction), au Moustoir en Kernevel, à l'Eglise-Blanche en Baunalec, à Pont-Glaeres (où elle croise la voie de Riec à Carhaix par Scaer), au bourg de Trévoux, au Nord de la belle motte de Reunial et vient se fondre avec la grande voie du littoral à la Madeleine en Mellac pour arriver à Quimperlé par la route départementale actuelle.

Route No 33.

De Civitas Aquilonia à Benodet.

Cette voie, indiquée comme très-probable par M. de Blois, nous semble, en effet, réunir toutes les conditions nécessaires pour être admise dans le réseau. Elle commande la rive gauche de l'Odet; et l'on sait que d'importantes découvertes de débris gallo-romains ont été faites dans ces parages; les bains de Poulquer et le retranchement vitrifié de la pointe de Lanros, indiquent une possession active de cette rive de la charmante rivière. La voie ne devait pas s'éloigner beaucoup de la route actuelle de Quimper à Benodet.

Route No 34.

De Carhaix à Quimperlé.

Route indiquée par M. Halléguen et qui nous paraît, en effet, fort plausible. M. Flagelle nous en donne la description suivante. Laissant à droite la route de Gourin, elle passait à la Maison-Neuve en Plouguer-Carhaix, traversait le canal, atteignait Treveller en Motreff, suivait, pendant près de 2,000 mètres, la limite actuelle des départements du Finistère et des Côtes-du-Nord, passait à Motreff, près de la Motte de Guergorlay, près de Buzit en Tréogan, traversait la Forêt de Conveau en Gourin, passait à l'Ouest de la chapelle Saint-Nicolas, à la chapelle de Boutihéry, au Saint, à Pont-Priant, à Lanvénéguen, à Querron, au Guelvez en Querrien, à Tréméven et arrivait à Quimperlé.

Route No 35.

De Carhaix à Douarnenez par Saint-Gonazec.

C'est la voie de rive gauche de l'Aulne indiquée déjà au No 11.

Route No 36.

De Carhaix à Riec.

Cette voie nous est indiquée par M. Flagelle. Elle partait du château de la Porte-Neuve en Riec, passait par Riec, Bannalec, Scaër, Roudouallec et venait se fondre dans la précédente à Spézet.

Route No 37.

Du Faou à Tréflez par Landerneau et Kerilien, avec embranchement sur la Roche-Maurice.

La première section de cette voie, du Faou à Landerneau, par l'Hôpital-Comfront et Dirinon est la seconde partie de la double voie que nous avons signalée lors de notre parcours de la grande voie stratégique N° 1. (Voir cette route.)

De Landerneau à Kerilien et à Tréflez, les deux éléments de section avaient été signalés par M. de Kerdanet lors de sa découverte à Kérilien des innombrables substructions qu'il décorait du titre d'Occismor. Il avait compté, autour de ce centre romain des voies étoilées dans sept directions : Morlaix, Carhaix, la Roche-Maurice, Landerneau, Porzliogan, l'Aber-Vrac'h et Tréflez. La voie qui nous occupe et son embranchement sur Roche-Maurice forment trois de ces rayons.

ROUTE N° 38.

De Landerneau à Portus Staliocanus avec embranchement sur Portzmoguer et Saint-Pabu.

Cette voie, que nous décrit M. Flagelle, se détachait près de Landerneau de la grande voie N° 1, au Roudous (briques romaines), longeait l'Elorn et passait au vieux château de la Joyeuse Garde en la Forêt, au Cloistre en Guipavas (briques et substructions), au bout de l'anse de Kerhuon (monnaies romaines), à Keroman, et traversait la route actuelle de Guipavas à Brest, à Ty-Raz. Un peu au-delà de ce point, elle se divisait en deux branches, l'une à peu près directe, allant à Portus Staliocanus, par Lambezellec, avec un embranchement sur Porsmoguer en la commune de Ploumoguer ; l'autre, remontant vers le Nord et se dirigeant par Coat-Meal sur Saint-Pabu où elle venait reprendre la voie du littoral près de l'embouchure de l'Aber-Benoît, rivière qui la séparait de la presqu'île de Vorganium.

ROUTE N° 39.

Jonction des routes de première catégorie Nos 3 et 6 entre Le Moustoir et Sérent.

C'est un tronçon central depuis longtemps connu de la voie classique, appelée dès l'origine des études paléogéographiques, et tout-a-fait à tort selon nous, voie de Rennes à Carhaix : ce ne peut être qu'une jonction assez naturelle dans le réseau, entre la grande ligne de Tours à Vorganium par Carhaix, et celle de Lisieux à Locmariaker (ou de Rennes à Vannes). On en trouve la description détaillée dans Cayot-Delandre.

ROUTE No 40.

De Quintin à Morlaix.

Cette route est indiquée, comme problable par M. Gaultier du Mottay dans son ouvrage sur les voies romaines des Côtes-du-Nord; et cette seule indication est pour nous une autorité. Passant par Saint-Gildas et Pestivien, elle suit à peu près le versant Nord du faîte des montagnes d'Arrhée et donne, entre Corseul et Vorganium, une communication plus directe que la voie du littoral Nord.

ROUTE N° 41.

De Morlaix à Yffiniac.

Le même auteur indique une autre route probable de Morlaix à Guingamp; mais elle n'aurait de raison d'être, que si elle était prolongée jusqu'à Yffiniac, parce qu'on aurait ainsi une ligne directe entre Vorganium et Corseul. C'est possible, et cela concorde avec un tronçon que M. Bizeul avait jadis indiqué d'Yffiniac à Châtelaudren; mais cette voie est encore à reconnaître.

Route No 42.

De Coz-Yeaudet à Erquy par le bord de la côte.

Cette voie dont MM. Geslin de Bourgogne et de Barthélemy ont affirmé nettement l'existence dans leur rapport sur les fouilles de Port-Aurèle au tome Ier des Mémoires de la Société archéologique des Côtes-du-Nord, a disparu presque en totalité par suite de l'envahissement de la mer dans la baie de Saint-Brieuc; mais la tradition lui a conservé le nom de *Chemin des Romains ;* et ses traces positives ont été retrouvées à Port-Aurèle en Plérin. Elle se détachait probablement vers Lanvollon de la grande voie Nord du littoral, atteignait la côte à Binic où l'on a retrouvé des substructions gallo-romaines, et la longeait jusqu'à Reginea (Erquy) en desservant les nombreuses villas et ports du littoral, et en contournant le fond de la baie de Saint-Brieuc, qui n'était pas alors aussi profonde qu'aujourd'hui. Sans se prononcer aussi catégoriquement que MM. Geslin de Bourgogne et de Barthélemy, M. Gaultier du Mottay considère cette voie comme très-probable. C'est aussi notre avis.

Route No 43.

D'Alet à Avranches.

Cette voie est absolument nécessaire au réseau ; elle devait se souder dans les environs de Dol à la grande voie du littoral Nord (de Cherbourg à Vorganium).

Route N° 44.

De Reginea à Vannes avec embranchement sur Carhaix.

MM. Geslin de Bourgogne et Gaultier du Mottay considèrent, comme très-probable, une voie fort bien repérée par ce dernier, et qui, partant du Chemin Chaussée en la Bouillie, point de croisement des grandes voies N° 2 et N° 3 (du littoral Nord, et de Tours à Reginea), passerait par Lamballe, Moncontour, Plémy, Uzel, Saint-Léon en Merléac, Saint-Gilles-du-Vieux-Marché, Laniscat, et se fondrait entre Mûr et Gouarec, dans la grande voie du centre Bretagne. Plusieurs de ses tronçons seraient même regardés comme des chemins celtiques ou gaulois. — Nous croyons, en effet, cette voie très-plausible ; mais à la condition de ne considérer la partie de Moncontour à Gouarec que comme un embranchement. Il devait exister de Moncontour à la Trinité un tronçon principal allant se fondre dans la voie d'Alet à Vannes, et donnant une communication directe entre Vannes et Reginea. Nous le signalons à l'attention des chercheurs.

Nous termirons cette longue nomenclature en avouant que, suivant notre opinion, elle ne peut se flatter d'être complète. Elle donne le réseau de toutes les voies les mieux reconnues jusqu'ici ; mais nous avons la conviction qu'une foule de *viæ vicinales* ont existé latéralement aux grandes voies, soit dans l'intérêt de l'agriculture, soit pour accéder à une villa (1), soit pour

(1) Telle est la voie que M. Augustin, dans son étude sur Guidel, indique, comme partant de Kerconstance en Moëllon, passant au Lety en Clohars-Carnoët, traversant la Laita à Saint-Maurice, et se dirigeant vers la grande voie N° 1 par Brangolo en Guidel : telles encore celles que nous avons citées pour mémoire au N° 26, celles que M Fouquet indique aux environs d'Arradon et de Pleugriffel, etc , etc.

desservir un camp ou un portillon. Malgré ces desiderata, le réseau principal est, désormais, établi et fixé; il ne reste plus qu'à y coudre quelques raccords. Je serais heureux, Messieurs, si cette division de nos voies recevait votre approbation; et si, à la suite de ma communication, on pouvait arriver à s'entendre une bonne fois sur la dénomination de toutes les voies de notre réseau : cela ne manquerait pas de simplifier et d'éclairer beaucoup les recherches.

---

§ 3. — *Les ruines et débris gallo-romains.*

Il me resterait pour achever ce qui concerne la géographie de la presqu'île armoricaine à la fin de l'occupation romaine, à dresser le bilan exact et la carte de tous les établissements gallo-romains dans notre pays : malheureusement les renseignements nécessaires à la rédaction de ce travail fort délicat n'existent complets que pour les deux départements des Côtes-du-Nord et du Morbihan, dans les travaux si remarquables de MM. Gaultier du Mottay et Rosenzweig : je veux parler de la Description des voies romaines des Côtes-du-Nord, et du Répertoire archéologique du Morbihan. Pour les départements du Finistère, de l'Ille-et-Vilaine et de la Loire-Inférieure, tous les renseignements, en fort petit nombre, sont épars de côté et d'autre, et très-difficiles à réunir; après de longues recherches, je n'en ai recueilli que d'insuffisants pour une carte sérieuse. On n'a guère jusqu'à présent, pour l'Ille-et-Vilaine, que l'essai de répertoire archéologique donné en 1862 par M. l'abbé Brune, dans les Mémoires de la Société Archéologique de ce département, essai qui doit être encouragé, mais qui est très-incomplet et laisse beaucoup de lacunes. Pour la Loire-Inférieure, je ne connais en fait de répertoire sérieux que les Etudes archéologiques de M. Orieux, études couronnées par la Société académique de Nantes en 1864; mais ces études ne comprennent que les arrondissements de Nantes et de Paimbœuf : je m'occupe des autres arrondissements et suis loin d'arriver au but. Enfin, pour le Finistère, M. Halléguen nous a annoncé dans sa brochure « Les Celtes, les Armoricains et les Bretons », qu'il avait dressé le répertoire archéologique gallo-romain du département, et qu'il n'y comptait pas moins de cinq cent trente-six camps ou castels; mais il ne l'a pas encore publié, et nul mieux que lui ne pourrait mener à bien ce travail de patience. Il faut donc attendre que dans chacun de ces trois départements des travailleurs intrépides et spéciaux dotent leur région de répertoires aussi conciencieux que ceux de leurs devanciers.

Un autre chapitre non moins intéressant serait celui qui traiterait des souvenirs laissés par les légions romaines, qui, après avoir résidé officiellement dans les garnisons du *Tractus*, s'implantèrent dans le pays qu'ils avaient eu d'abord mission de contenir. C'est ainsi que le Léon prit son nom de *Pagus Legionense*; c'est ainsi que M. Jégou croit voir le nom même de César (*Caësar*) dans l'antique baronnie de *Kaër*, voisine de la rivière d'Auray; c'est ainsi qu'on retrouve le souvenir des *Lètes* dans le fameux nom de *Letavia* donné à une partie de notre presqu'île, et surtout dans les noms actuels de *Laity*, *Léty*, *Letty* donnés aussi bien à des personnes qu'à des lieux dans un grand nombre de bourgs du littoral du Morbihan; c'est ainsi enfin que, d'après les idées générales exposées par M. Augustin dans son étude sur Guidel, il faudrait reporter à ces légions en partie christianisées, l'érection des nombreuses chapelles érigées le long de notre littoral, à *Saint-Maurice*, à *Saint Sébastien*, à *Saint-Julien*, etc., et les noms de *Locmaria* qui s'y rencontrent en si grand nombre; mais ces recherches seraient fort longues et, pour qu'elles fussent complètes demanderaient le concours d'un grand nombre d'explorateurs sur toute l'étendue de notre presqu'île; je me contente d'indiquer ces jalons principaux qui peuvent servir de points de repère pour concentrer les études de quelque travailleur intrépide. Puis-je au moins espérer que le vaste tableau que je viens de dérouler devant vos yeux aura paru assez digne d'intérêt pour inspirer à une main plus expérimentée le désir d'achever mon esquisse et de compléter tous les traits qui lui manquent !

« Au moment de mettre sous presse, nous recevons une intéressante communication de M. l'abbé Gallard, de Nantes, qui, à tous les noms relevés par nous dans les environs de Guérande et témoignant d'une longue possession de territoire par les Venètes, ajoute encore les suivants, dont plusieurs sont caractéristiques :

Dans Guérande : *Crémaguen*, le village de Queniquen ou *Gueniguen ;* le manoir du *Griguenic* et la Cour de *Kerbenet*. — Dans Saint-Molf, qui fit jadis partie de Guérande, le manoir de *Kerguenec*, et les hameaux de *Kerguen*, *Kervenet* et *Branguen*, etc.

Faut-il citer encore le *Pouliguen* ; et dans Assérac, le *Quénet*. — Dans Saint-Lyphard, le moulin de *Kerviguen*, etc., etc.

Nous ne pensons pas qu'en aucun point du territoire de l'ancienne presqu'île armoricaine, on puisse trouver une pareille accumulation de noms de lieux, rappelant le souvenir des Blancs, Albini, Guénètes ou Venètes. »

René Kerviler.

Nantes, ce 8 septembre 1873.

TABLE DES MATIÈRES

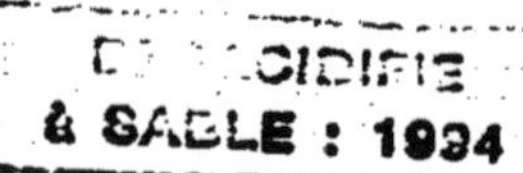

DEBUT D'UNE SERIE DE DOCUMENTS
EN COULEUR

Carte n° 1

LA PRESQU'ILE ARMORICAINE

au moment

DE L'OCCUPATION ROMAINE

Dressée par M. R. POCARD-KERVILER, Ingénieur des Ponts & Chaussées

N. B. — il n'y a de positivement connus à ce moment que les chefs-lieux de peuplades, indiqués par ce signe ●

— Les noms entre parenthèses sont les noms actuels de villes ou déjà existantes ou fondées depuis et citées comme points de repère.

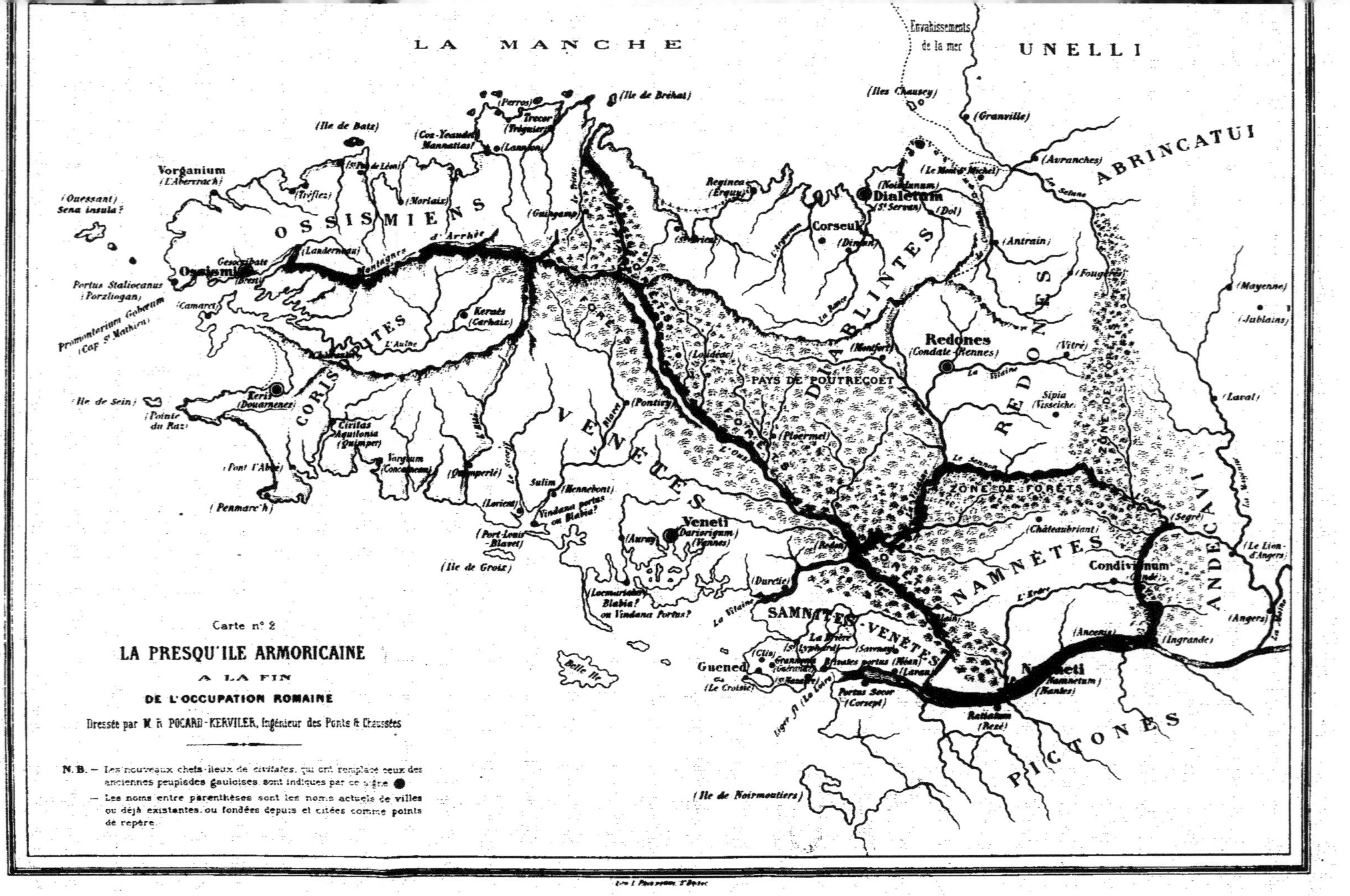

Carte n° 2

LA PRESQU'ILE ARMORICAINE

A LA FIN

DE L'OCCUPATION ROMAINE

Dressée par M. R. POCARD-KERVILER, Ingénieur des Ponts & Chaussées

N.B. — Les nouveaux chefs-lieux de civitates, qui ont remplacé ceux des anciennes peuplades gauloises, sont indiqués par ce signe ●

— Les noms entre parenthèses sont les noms actuels de villes ou déjà existantes, ou fondées depuis et citées comme points de repère.

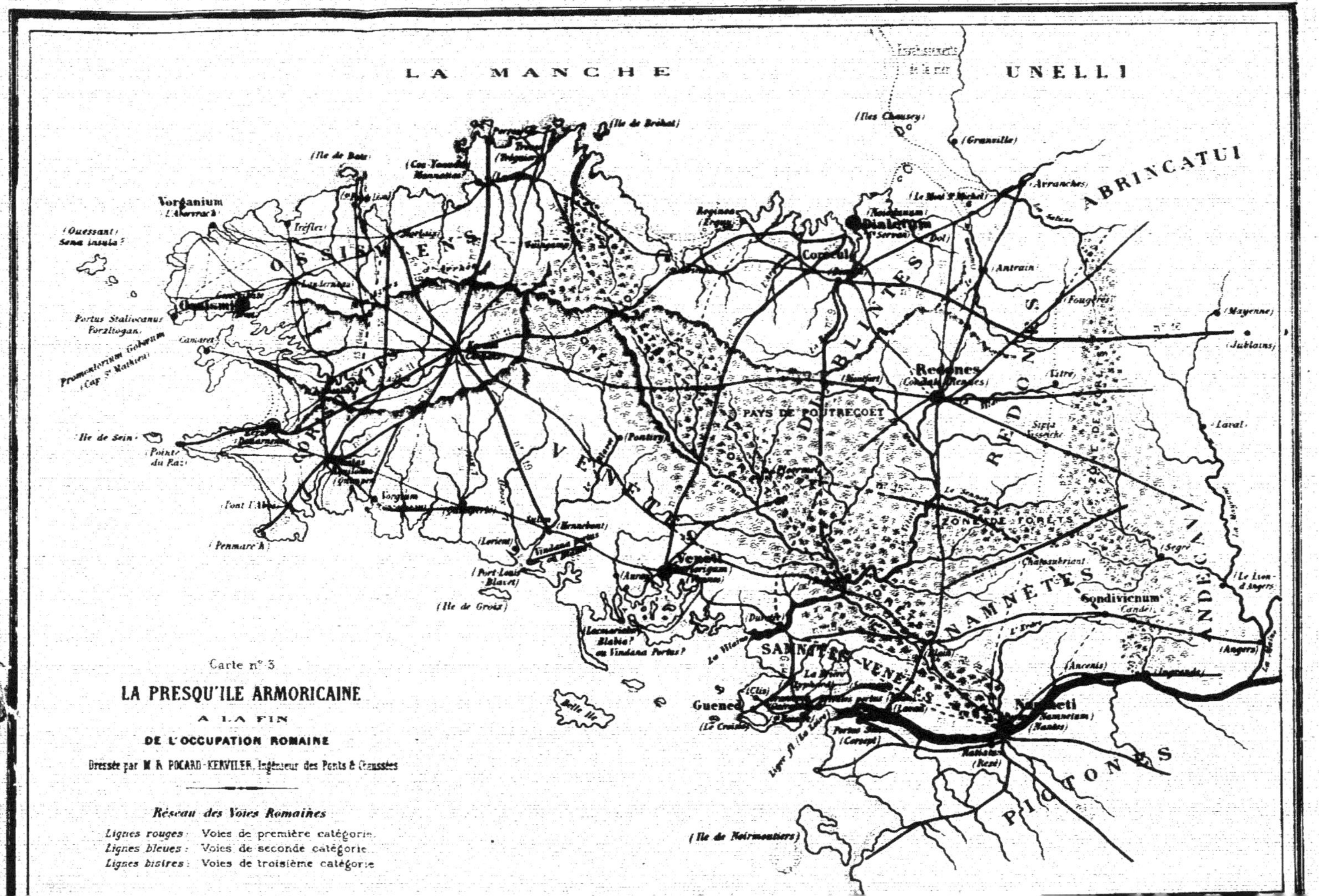

LA MANCHE
UNELLI
ABRINCATUI
OSSISMIENS
VENETES
DIABLINTES
REDONES
NAMNETES
ANDECAVI
PICTONES
SAMNITES-VENETES
PAYS DE POUTRECOET
ZONE DE FORETS
Vorganium
(L'Aberrach)
(Ouessant)
Sena insula?
Portus Staliocanus
Porzliogan
Camaret
Promontorium Gobaeum
(Cap St Mathieu)
(Ile de Sein)
(Pointe du Raz)
(Pont l'Abbé)
(Penmarc'h)
(Ile de Batz)
(Ile de Bréhat)
(Iles Chausey)
(Granville)
Arranches
(Le Mont St Michel)
Reginea (Erquy)
Dinlettum
Corseul
Antrain
Fougères
(Mayenne)
(Jublains)
Laval
Condate (Rennes)
Vitré
Sipia
(Pontivy)
(Lorient)
(Port-Louis Blavet)
(Ile de Groix)
Belle Ile
Darioritum
Venetia
(Auray)
Locmariaker
Blabia?
ou Vindana Portus?
Guened
(Le Croisic)
(Clis)
Chateaubriant
Segré
Sondivicenum
Candé
(Angers)
(Le Lion d'Angers)
La Maine
(Ancenis)
Namneti
Namnetum
(Nantes)
Ratiatum (Rezé)
Portus (Corsept)
Liger fl. (La Loire)
(Ile de Noirmoutiers)
Carte n° 3
LA PRESQU'ILE ARMORICAINE
A LA FIN
DE L'OCCUPATION ROMAINE
Dressée par M. R. POCARD-KERVILER, Ingénieur des Ponts & Chaussées
Réseau des Voies Romaines
Lignes rouges : Voies de première catégorie
Lignes bleues : Voies de seconde catégorie
Lignes bistres : Voies de troisième catégorie

FIN D'UNE SÉRIE DE DOCUMENTS
EN COULEUR

www.ingramcontent.com/pod-product-compliance
Ingram Content Group UK Ltd.
Pitfield, Milton Keynes, MK11 3LW, UK
UKHW021106200726
13857UKWH00003B/1110

9 782012 884946